DaVinci Resolve 18 対応

無料ではじめる!

You Tuber

ユーチューバー
のための

動画編集

逆引きレシピ

阿部信行

JN016109

インプレス

著者プロフィール

阿部信行（あべ のぶゆき）

千葉県生まれ。日本大学文理学部独文学科卒業
肩書きは、自給自足ライター。主に書籍を中心に執筆活動を展開。
自著に必要な素材はできる限り自分で制作することから、自給自
足ライターと自称。原稿の執筆はもちろん、図版、イラストの作
成、写真の撮影やレタッチ、そして動画の撮影・ビデオ編集、ア
ニメーション制作、さらにDTP、Webサイト制作も行う。
自給自足で養ったスキルは、書籍だけではなく、リアル講座、オ
ンライン講座でお伝えしている。
Blackmagic Design公認のDaVinci Resolve認定トレーナー
近著は「Premiere Pro デジタル映像編集 パーフェクトマニュア
ル」（ソーテック社）

Webサイト：stack.co.jp（只今工事中）
YouTube：@STACKmovie

■本書の前提

本書は2022年11月現在の情報をもとに、Windows版での画面表示を使用して解
説しています（一部macOS版での画面も含みます）。画面の表示は画面解像度や
OS、DaVinci Resolveのバージョンによって変わることがありますので、ご了承
ください。

はじめに

　DaVinci ResolveはBlackmagic Design社が開発・提供する動画編集ソフトです。本書は、その基本的な使い方をわかりやすく解説したガイドブックです。

　ところで、動画編集、あるいはビデオ編集とは何なのでしょうか？　動画編集というのは、一眼カメラやビデオカメラで撮影した動画データを適当につなげて1本の動画作品を作ることであり、動画編集ソフトはそのためのツールである。確かにそうですが、それなら何もDaVinci Resolveほど高機能でなくてもよいし、こんなに操作の小難しいソフトを利用する必要もありません。

　では、なぜDaVinci Resolveなのでしょう。とりあえず無料で利用できるし、最近人気が出てきているから。それも一理あるでしょう。でも、それだけなら苦労して利用方法を覚える必要はないと思います。

　動画の編集というのは、「自分の言葉を映像で表現すること」だと筆者は考えます。別に難しいことを言おうとしているわけではありません。たとえば、「きれいだ！」「楽しい！」という感情を文章で書くのではなく、きれいなもの、楽しいことを映像として記録し、それを多くの人に見てもらえるように加工するということです。YouTubeというのは、そうして作られた動画作品を発表する場なのです。

　このとき重要なのは、「きれい」「楽しい」をきちんと伝えられるかどうかです。たくさんの映像の中から、「これならきれいさが伝えられる」「この映像なら楽しさが伝えられる」という部分をピックアップして演出し、「きれい」「楽しい」がより効果的に伝えられるようになる。これが動画編集の肝だと思うのです。

　そのためには、動画編集ソフトが、単に切ってつなげるだけでなく、頭の中にあるストーリーをきちんと形に仕上げる機能や演出する機能を備えている必要があります。そして、多くの人に、「きれいな動画だね」「楽しい動画だね」と言ってもらえる動画作品が作れなければならないのです。

　だからといって操作が難しくてもよい、高価でもよいということではありません。自分のイメージをできる限りきちんと形にでき、スピーディに仕上げられなければなりません。DaVinci Resolveは、そういった条件を満たし、自分が表現したいことを表現できる機能を備えた動画編集ソフトだと言えます。

　ただ、ちょっと使い方に難しいところがあるのも事実です。本書では、そこのところをわかりやすく解説し、自分のイメージ通りの動画作品を作るお手伝いを少しでもできたらと思います。そして、本書が皆さんの動画作りに役立ち、一人でも多くの方がYouTubeに動画をアップできるようになれば幸いです。

2022年11月

DaVinci Resolve認定トレーナー　阿部信行

Chapter 3 「カット」ページで 編集から公開まで行う

Chapter **4** 「エディット」ページで動画を作り込む

Chapter 5 「Fusion」ページでエフェクトを活用する

Chapter 6 「カラー」ページで映像の色補正を行う

Chapter 1

DaVinci Resolve
のインストールと
編集の準備

01

YouTubeに投稿されている
動画の特徴とは？

■わかりやすい動画を短時間で制作

YouTubeに限らず、FacebookやInstagramなどでも動画の配信は人気度が上昇しており、需要もますます高まっています。そこで配信される人気動画の共通点は、高度な編集テクニックではなく、動画編集の基本操作を使いこなし、内容を効果的に演出していることです。つまり、伝えたいことがしっかりと伝わることが重要なのです。

わかりやすい動画であることが重要

　憧れの職業のトップにYouTuberがランクインするご時世ですが、そもそもYouTuberとは一体何なのでしょう。筆者が考えるYouTuberとは、簡単にいえば「**自分が伝えたいことを、わかりやすい動画として、継続的にYouTubeで配信する人**」だと思います。読者の皆さんはどうでしょうか？

　職業柄、YouTuberのコンテンツに限らず多くの動画を見ていますが、そこで感じるのは、**わかりやすい動画**が増えたということです。わかりやすい動画というのは、高度な編集テクニックを駆使しているとか、画質のクオリティが高いとかいったものではありません。基本的な編集テクニックで、自分の伝えたいことをきちんと表現できているということなのです。具体的には、次のような動画です。

- 動画にストーリーがある
- 見やすくわかりやすい動画
- 読みやすく、インパクトのあるタイトル
- 適切で効果的なエフェクトによる演出
- 動画内容に合った BGM
- 適切な再生時間

　こうした要素をもった動画は、見ていてわかりやすいと感じます。筆者の動画講座も多くのYouTuber志望者や現役YouTuberの方々が受講してくれていますが、受講後も長くYouTuberとして活躍されている方の動画は、とてもわかりやすいという点で共通しています。

基本テクニックが重要

YouTuberの動画は、きちんと自分が伝えたいことを伝えることが重要です。そのためには、**撮影した動画をどのような順番、ストーリーで並べれば伝えられるか**を考えなければなりません。そして、動画を並べるとき、違和感のないように場面転換の効果（トランジション）を利用したり、効果的なエフェクトを選択したりする必要があります。さらに、動画の内容に合ったBGMが適切な音量で使われていることも重要です。

実は、こうした編集テクニックはどれも基本的な機能で行えることがほとんどです。しかもYouTuberの場合、こうしたわかりやすい動画を**短時間で制作**し、**継続的に公開**しなければなりません。したがって、たとえば場面転換の効果を演出するトランジションでは、意外とオーソドックスなディゾルブを使用するパターンが多いです。

つまり、高度な編集テクニックを身に付けるのではなく、**基本的なテクニック**を使いこなし、いかに自分の伝えたいことを表現するかがYouTuberとして成功するためのポイントなのではないでしょうか。

「ディゾルブ」というトランジションは、場面転換の基本的なテクニックです。前の映像が徐々に消えながら、次の映像が徐々に現れるというエフェクトで、効果的な場面転換を演出してくれます。

02

動画編集ソフト 「DaVinci Resolve」とは

● DaVinci Resolveについて

『DaVinci Resolve』がどのような動画編集ソフトなのかを一言でいえば、「欲張りな動画編集ソフト」、あるいは「オールマイティな動画編集ソフト」です。動画の編集には、さまざまな機能が必要です。通常であればその機能ごとに専用のソフトを使用する必要があるのですが、DaVinci Resolveは、これ１本あればほとんどすべての編集作業に対応できるのです。

統合型動画編集ソフト

　動画を編集して１本の作品を作るには、さまざまな機能が必要になります。主な機能を並べてみると、次のような機能が必要になります。

■ カット編集機能

　動画ファイルから必要な映像部分を切り出し、再生したい順番に並べる。

■ エフェクト設定機能

　映像に特殊な効果を設定し、映像を演出する。

■ タイトル作成機能

　メインタイトルや字幕、スタッフ一覧などのテキストを表示する。

■ コンポジット、アニメーション機能

　映像の合成やVFX（Visual Effects）、モーショングラフィックスといったアニメーションの設定などを行う。

■ 色補正機能

　映像の明るさや色合いなどを調整、補正する。

■ オーディオ編集機能

　音声調整に加え、雑音の軽減、効果音の設定などを行う。

■ 動画ファイルの出力

利用目的に応じて、適切な動画ファイルを出力する。

ちょっと考えただけでもこれだけの機能が必要になりますし、細かく見ればさらに多くの機能が必要になります。

通常は、これらからいくつかの機能をまとめた、動画編集ソフト、VFX アニメーションソフト、オーディオ編集ソフトといった、それぞれの専用のソフトを利用しなければなりません。

しかし、DaVinci Resolve は、かつてそれぞれ専用ソフトだった機能を1つのソフトとして融合した、**統合型の動画編集**ソフトなのです。したがって、これ1本あれば、どのような動画作品でも作ることができます。そのため、海外では多くの映画やテレビ番組制作で利用されています。

ただし、複数の専用ソフトが備える多くの機能を利用できるだけに、操作方法を覚えるのは簡単とはいえません。そのため、本書では、操作方法に迷ったときにどのように操作すればよいかをわかりやすく解説しています。

動画編集では、動画素材の**カット作業**、複数の動画素材から必要な部分をピックアップする**トリミング作業**、そしてそれをストーリーに合わせて再生の順番を並べ替える作業がメインになります。これらの作業を**カット編集**といいます。

カット編集

また、メインタイトルの作成を**テロップ入れ**といい、デザインセンスが要求される作業です。また、マスクを利用したテキストのアニメーションの作成、モーショングラフィックスの作成なども、DaVinci Resolve で行えます。

■ 無料版が凄い！

DaVinci Resolve は Blackmagic Design 社が開発している動画編集ソフト

です。Blackmagic Design社は、放送局やポストプロダクション（動画編集を行う専門プロダクション）向けのハードウェア製品を開発・販売しており、その製品に付属する編集ソフトとして誕生しました。その編集ソフトをより多くのユーザーにも利用してもらいたいということで、有料版、無料版のDaVinci Resolveが提供されています。

　Blackmagic Designのスタッフによると、Blackmagic Design社のCEOが若い頃、動画編集ソフトを買えずに苦労したので、無料で利用してもらいたいということで、この無料版が存在しているとか。素敵なお話しです。

テロップ入れ

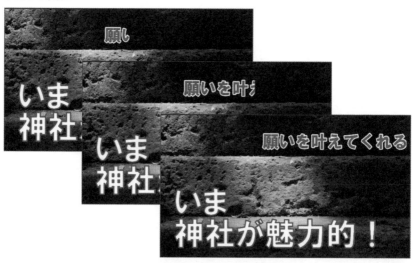

　動画を正しい色で表示するための色補正の作業を**カラーコレクション**、さらにその色を自分なりのイメージに変更する作業を**カラーグレーディング**といいます。DaVinci Resolveの色補正機能は、元々カラー調整専用ソフトだった機能を組み込んでいるだけに、とても高機能です。

カラー調整

Section

03 DaVinci Resolveを 入手する

■公式ページから入手する

DaVinci Resolveは、Blackmagic Design社のWebサイトよりダウンロードして入手します。なお、無料版と有料版があるので、利用したい方を選択してください。なお、DaVinci Resolveの対応OSにはWindows、Mac、Linuxの3種類があります。本書では、Windows版で解説しているので、Mac版などのユーザーは、適宜置き換えてください。

公式サイトから入手する

　DaVinci Resolveのプログラムは、基本的にBlackmagic Design社の公式サイトのダウンロードページ (https://www.blackmagicdesign.com/jp/products/davinciresolve) から入手します。プログラムには**無料版**と**有料版**の2タイプがありますが、初めて利用するのであれば、無料版で十分です。どちらのタイプも、対応しているOSはWindows、Mac、Linuxです。利用しているOSに応じてダウンロードしてください。

公式サイトのダウンロードページからは、無料版と有料版どちらもダウンロードできます。無料版は、「今すぐダウンロード」からダウンロードできます。

　なお、**Mac版はApp Storeからもダウンロード可能**です。App Storeからのダウンロード版は一部機能に制限がありますが、通常の利用には支障がないようです。詳しくは、下記URLの公式ページ（英語）で確認できます。

15

・公式サイト版と App Store 版の機能比較ページ（英語）
https://documents.blackmagicdesign.com/SupportNotes/DaVinci_
Resolve_15_Feature_Comparison.pdf

Mac版は、App Store からも入手できます。Macの場合は、ダウンロードとインストールが一度に行われるので、こちらからの方が操作は簡単です。ただし、一部機能に制限があります。

　公式ページでは、個人情報を入力するとダウンロードできます。「*（アスタリスク）」の必須部分を入力したら、画面右下の「登録＆ダウンロード」をクリックしてプログラムをダウンロードします。

　ダウンロードが完了したら、右上の⬛ボタンをクリックしてください。どのOS版も ZIP形式で圧縮されたプログラムがダウンロードされます。なお、ZIPファイルの展開は、それぞれのOSの展開方法にしたがってください。

ダウンロードが終了したら、圧縮されているZIPファイルを展開してください。
展開すると、フォルダーの中にインストールプログラムが保存されています。

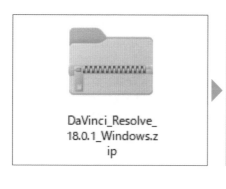

04

無料版と有料版の違いを知りたい

■無料版と有料版の機能差

初めてDaVinci Resolveを利用するなら、まずは無料版がおすすめです。一通り利用してみて、どうしても有料版の機能が使いたい、あるいは有料版の機能でなければ表現できないということであれば、有料版に移行すればよいでしょう。それだけ、無料版は実用的です。

無料版と有料版どちらがおすすめ？

　DaVinci Resolveには無料版と有料版の2種類があります。明らかな違いは、名前でしょう。無料版は『DaVinci Resolve』、有料版は『DaVinci Resolve Studio』というのが、正式名称です。

　どちらも公式サイトから入手できますが、有料版の場合は無料版からの移行という形でも入手できます。無料版の場合は、現行バージョンのみのダウンロードとなります。

　無料版と有料版のどちらを選ぶかについては、ハイビジョンやフルハイビジョン、4Kサイズの動画編集であれば、無料版で問題ありません。4K以上の動画やHDR動画を編集したい、あるいは有料版のエフェクトを利用したいということであれば、有料版を選んでください。

　筆者は無料版、有料版双方を利用していますが、普段は無料版を利用しています。その理由は、無料版で利用できない機能を確認するためです。しかし、これまで無料版でできずに困ったのは、映像のノイズを除去する「ノイズ除去」程度で、あとはほとんど無料版で間に合っています。どうしても有料版でなければ利用できない機能と遭遇しない限り、無料版で問題ありません。

無料版と有料版の違いを確認したい

　DaVinci Resolve（無料版）とDaVinci Resolve Studio（有料版）の機能的な違いは、公式サイトで確認できます。公開されている情報はDaVinci Resolve 15と少し古いバージョンの情報ですが、違いを確認するには十分です。P.15で紹介した公式サイト版とApp Store版の機能比較の表に、無料版と有料版の違いも掲載されています。同じURLですので、P.15を参照してください。

	DaVinci Resolve	DaVinci Resolve Studio	DaVinci Resolve App Store	DaVinci Resolve Studio App Store
Camera LUT in a node	No	Yes	No	Yes
Camera tracker	No	Yes	No	Yes
CDL export	No	Yes	No	Yes
Collaboration project sharing	No	Yes	No	Yes
Control scripts from local or remote machines	No	Yes	No	No
DaVinci CTL	No	Yes	No	Yes
De-interlace of images	No	Yes	No	Yes
Export of a wide range of Gallery still formats	Yes	Yes	No	No
H.264 accelerated encoding with hi-spec NVIDIA GPUs	No	Yes	No	No
H.264 decoding on Linux	No	Yes	No	Yes
HDMI 2.0a metadata	No	Yes	No	Yes

DaVinci Resolve（無料版）とDaVinci Resolve Studio（有料版）の機能の比較表。なお、この情報はPDFとしてダウンロードできます（URLはP.15）。

アプリケーションの起動中に表示されるロゴやタイトル画像などのことを**スプラッシュスクリーン**といいます。DaVinci ResolveとDaVinci Resolve Studioとでは、当然ですが、スプラッシュスクリーンに表示されるプログラム名が異なります。

DaVinci Resolveのスプラッシュスクリーン

DaVinci Resolve Studioのスプラッシュスクリーン

DaVinci Resolveでの編集中、何かしらのエフェクト機能を利用したとき、次の画面のように「You have reached a limitation with DaVinci Resolve」というダイアログボックスが表示される場合があります。これは、無料版の利用中に、有料版の機能を利用しようとしたときに表示されます。まだ有料版を購入しな

い場合は、「Not Yet」をクリックしてください。そのまま有料版を購入したい場合は、「Buy Now」をクリックしてください。

　次の画像のように、動画の確認画面には、有料版で利用可能であることを示すタイトルロゴが表示されます。この状態でもエフェクトなどを設定して確認できますが、出力するとこのタイトルロゴが表示されたままになります。有料版対応のエフェクトなどを利用してみて、気に入ったら有料版に移行してください。移行すれば、タイトルロゴは表示されなくなります。

Column　無料版から有料版への移行方法

DaVinci Resolve（無料版）からDaVinci Resolve Studio（有料版）へ切り替える場合、WindowsとMacとでは移行方法が異なります。なお、移行しても、無料版で編集していたデータは、そのまま有料版に引き継いで利用できます。

・Windowsの場合
Windowsで無料版から有料版へ移行する場合は、無料版のDaVinci Resolveをアンインストールしてから、新たに有料版のDaVinci Resolve Studioをインストールしてください。

・Macの場合
Macの場合は、無料版をアンインストールする必要はありません。無料版がインストールされている状態で、新たに有料版を上書きインストールすれば、有料版に置き換わります。

Section

05
DaVinci Resolveを
インストールする

■インストール

DaVinci Resolveのインストールプログラムを入手したら、早速インストールしましょう。インストールは簡単です。ウィザード（対話形式の作業ウィンドウ）にしたがって、項目を選択するだけです。インストール途中で何かを入力するということもなく、完了します。

DaVinci Resolveのインストールの流れ

DaVinci Resolveのインストールの流れを、ウィザードの順を追ってみてみましょう。

❶解凍したプログラムを
ダブルクリックして実行

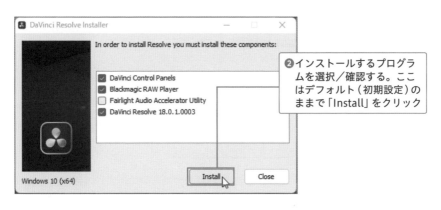

❷インストールするプログラムを選択／確認する。ここはデフォルト（初期設定）のままで「Install」をクリック

❸「Next」をクリック

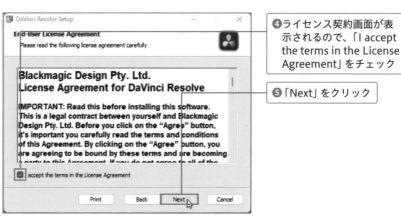

❹ライセンス契約画面が表示されるので、「I accept the terms in the License Agreement」をチェック

❺「Next」をクリック

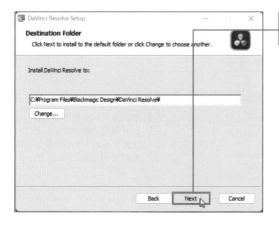

❻インストール先を確認して「Next」をクリック

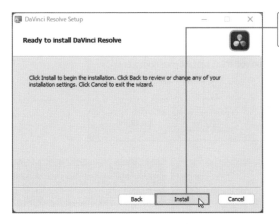

❼「Install」をクリックして、インストールを開始

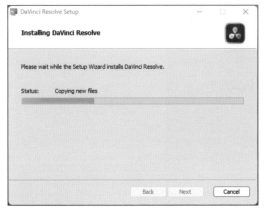

インストール実行中

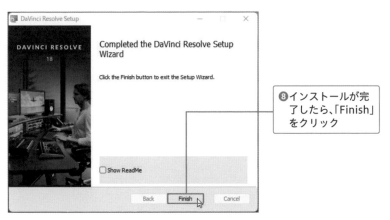

❽インストールが完了したら、「Finish」をクリック

DaVinci Resolve Installer

? To complete the installation you must restart your computer. Restart now?

❾システムを再起動するようにメッセージ が表示されるので、「はい」をクリック

はい(Y)　　いいえ(N)

システムを再起動すると、デスクトップにDaVinci Resolveの起動用アイコンが表示される

Section

06 動画のファイル形式について理解したい

■動画のファイル形式

動画のファイル形式というのは、たとえばMP4形式やMOV形式といった名称で聞き馴染みがあるでしょう。これらは実は、動画データや音声データそのものでなはく、これらのデータを入れて持ち運ぶための器やコンテナの種類のことを指します。詳しくは出力のページで解説しますが、まずは動画ファイル形式の特徴について理解しておきましょう。

ファイル形式とは入れ物のこと

　一般的に**動画ファイル**と呼ばれているものは、映像データと音声データの2つのデータを1つにまとめて保存した**入れ物**のことです。2つのデータを1つにまとめ、どこへでも移動できるコンテナとしての役割をもっていることから、**コンテナファイル**とも呼ばれます。そして、その保存形式のことを**動画ファイル形式**と呼びます。つまり、動画ファイルや、動画ファイル形式というのは、映像データそのものではなく、単なるデータの入れ物やその種類だということです。

　動画のファイル形式としてよく知られているのが、**MP4形式**です。本書のサンプルとして配布している動画もこのMP4形式です。

　ビデオカメラから出力される動画ファイルは、このコンテナに入れられた状態で出力されているわけです。そして、このコンテナに保存されている映像データや音声データは、撮影されたそのままの状態ではなく、**コーデック**と呼ばれるプログラムによって**圧縮**して保存されています。

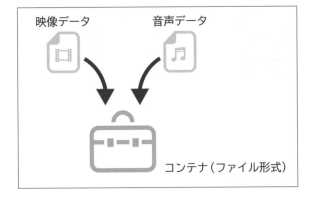

映像データ　　　音声データ

コンテナ（ファイル形式）

コーデックとは？

　コーデックというのは「**Compression DECompression**」の略で、映像データや音声データを圧縮するためのプログラムのことです。撮影されたままの映像や音声は情報量が非常に多く、そのまま保存するとデータファイルが巨大になってしまいます。そこで、コーデックを利用して圧縮してファイルサイズを小さくすることで、扱いやすいようにします。

　なお、コーデックはデータを圧縮する**エンコード（符号化）**という機能と、圧縮したデータを元の状態に戻す**デコード（復号化）**という2つの機能を備えています。ただし、コーデックの種類によっては、圧縮したデータを元に戻せない、すなわちデコードできないタイプもあります。そして、デコードできるコーデックを**可逆圧縮**、デコードできないタイプを**非可逆圧縮**といいます。

　ネット上でも利用され、最も一般的な映像データのコーデックが「**H.264**」（エイチ・ドット・ニーロクヨン）です。また、音声データ用のコーデックでポピュラーなのが、「**AAC**」（エー・エー・シー）です。H.264もAACも、非可逆圧縮タイプのコーデックです。

音と映像が一緒に配置される理由

　本書のサンプルデータでは、MP4形式の動画ファイルを利用しています。この動画ファイルをDaVinci Resolveのカットページやエディットページで**タイムライン**と呼ばれる編集パネルに配置すると、**映像データ**と**音声データ**の両方が同時に表示されます。これはMP4がコンテナであり、その中に映像データと音声データが保存されているためです。

配置

DaVinci Resolveに読み込んだ動画ファイルをタイムラインに配置すると、映像と音声部分が上下に同時に表示されます。これは、コンテナファイルの中に、圧縮された映像データと音声データが保存されているためです。

Section

07

動画や画像・BGMの
適切な保管方法を知りたい

■素材データの保存と管理

DaVinci Resolveで利用する素材データは、パソコンのハードディスクに保存しておくのが基本です。このとき、動画や画像、BGM、効果音、テキストなど、それぞれのデータのタイプに分けて保存しておきましょう。読み込み時にデータが見つけやすいだけでなく、データの管理も楽になります。

データのタイプ別にフォルダーを作ろう

　ビデオカメラや一眼カメラ、スマートフォンなどで撮影した動画データや画像データなどは、それぞれ専用のフォルダーを作って保存することをお勧めします。たとえば、「年」→「月」→「日付」の順にフォルダーを作成し、その中にさらに「Video」「Photo」「Text」などのように、データのタイプ別にフォルダーを分けて保存します。

　同じフォルダーの中に、動画データ、画像データ、テキストデータなどをまとめて保存してしまうと、管理が煩雑になるだけでなく、DaVinci Resolveで素材を利用する際、どこにどのデータがあるのか探し出すのも大変になります。

　もちろん、日付以外にも、イベント別、目的別にフォルダーを作成してもかまいません。その中で、さらにデータの種類別にフォルダーを作成してください。

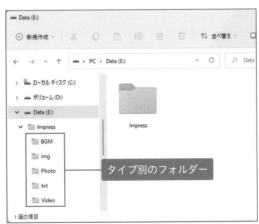

データのタイプ別にフォルダーを作成した例。外付けのハードディスク（Eドライブ）に動画テーマのフォルダーを作成し（この例では「Impress」）、その下に、データタイプごとのフォルダーがあります。このようにすることで、同じ名前のデータであってもテーマが異なれば、保存／管理ができます。

外付けハードディスクのススメ

　動画データの保存には、外付けハードディスクの増設をおすすめします。OSと同じハードディスク（Cドライブなど）に保存する場合、もしOSが何らかの障害で起動しなくなると、動画データも利用できなくなる可能性が高いです。外付けハードディスクも、一昔前に比べると大容量でも安価ですので、コストパフォーマンスも良くなりました。

YouTuber必須のバックアップ

　YouTuberにとっては、動画データのバックアップは必須です。動画データを保存しているハードディスクが破損してしまうと、元のデータが取り出せなくなることも稀ではありません。そうした不測の事態に対応するには、バックアップは欠かせないのです。

　筆者が利用しているバックアップ方法は、RAID1（レイド1）のミラーリングと呼ばれる方法です。これは、PC側からは1台のハードディスクとして認識されていますが、実際には2台のハードディスクに同じデータを同時に書き込むという方法です。もし、どちらかのハードディスクが破損しても、もう一台には全く同じデータが記録されているので、リカバリーできます。素材の保存と同時にバックアップも行えるので、一石二鳥です。

筆者が使用しているBUFFALOの外付けハードディスク「HD-WL4TU3/R1J」(https://www.buffalo.jp/product/detail/hd-wl4tu3_r1j.html)。ミラーリング機能搭載を搭載したドライブステーションで、USB 3.0対応。2ドライブモデルで、ネットワーク上のほかのデバイス（パソコンやスマートフォン）からもデータにアクセスできます。

Section

08 DaVinci Resolveを 起動/終了する

● DaVinci Resolveの起動/終了

DaVinci Resolveのインストールが終了したら、早速起動してみましょう。初めて起動する場合は、いくつかの設定作業が必要になります。また、DaVinci Resolveは基本的に英語バージョンで配布されているので、日本語モードへの変更なども必要になります。

DaVinci Resolveを初めて起動する

　初めてDaVinci Resolveを起動する場合は、日本語の選択と「クイックセットアップ」の選択がポイントです。

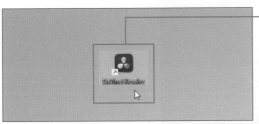

❶デスクトップに作成された
アイコンをダブルクリック

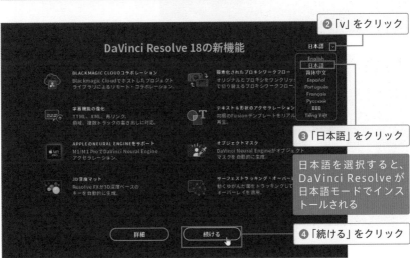

❷「v」をクリック

DaVinci Resolve 18の新機能

日本語 ▽

English
日本語
simplified chinese
Español
Português
Français
Русский
한국어
Tiếng Việt

BLACK MAGIC CLOUD コラボレーション
Blackmagic Cloudでホストしたプロジェクト
ライブラリによるリモート・コラボレーション。

簡素化されたプロキシワークフロー
オリジナルとプロキシをワンクリック
で切り替えるプロキシワークフロー。

字幕機能の強化
TTML、XML、再リンク、
領域、複数トラックの書き出しに対応。

テキスト＆形状のアクセラレーション
間尺のFusionテンプレートをリアル
再生。

APPLEのNEURAL ENGINEをサポート
M1/M1 ProでDaVinci Neural Engine
アクセラレーション。

オブジェクトマスク
DaVinci Neural Engineがオブジェクト
マスクを自動的に生成。

3D深度マット
Resolve FXが3D深度ベースの
キーを自動的に生成。

サーフェストラッキング・オーバー
動くゆがんた面をトラッキンクして
オーバーレイを適用。

❸「日本語」をクリック

日本語を選択すると、
DaVinci Resolveが
日本語モードでインス
トールされる

詳細　　　　続ける

❹「続ける」をクリック

💡 Hint

❸で「日本語」の選択肢が表示されない場合は、英語のままインストールを完了させてください。インストール後、メニューバーの「DaVinci Resolve」→「Preferences…」で環境設定のウィンドウを開き、「User」→「UI Settings」で「Language」の中から日本語を選択して、DaVinci Resolveを再起動すると、日本語表示になります。

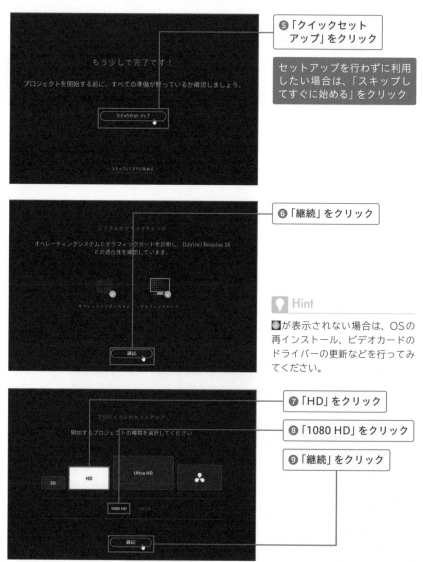

❺「クイックセットアップ」をクリック

セットアップを行わずに利用したい場合は、「スキップしてすぐに始める」をクリック

❻「継続」をクリック

💡 Hint

が表示されない場合は、OSの再インストール、ビデオカードのドライバーの更新などを行ってみてください。

❼「HD」をクリック

❽「1080 HD」をクリック

❾「継続」をクリック

主に利用するプロジェクトのフレームサイズに合わせて選択します（プロジェクトごとに、後から変更可能）。

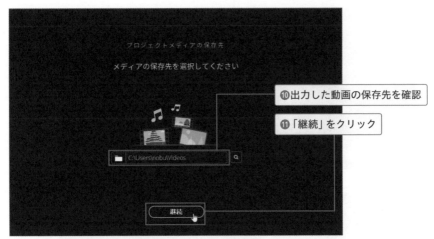

⑩出力した動画の保存先を確認

⑪「継続」をクリック

保存先の変更は、右端の虫めがね（ 🔍 ）をクリックし、保存先フォルダーを選択してください。

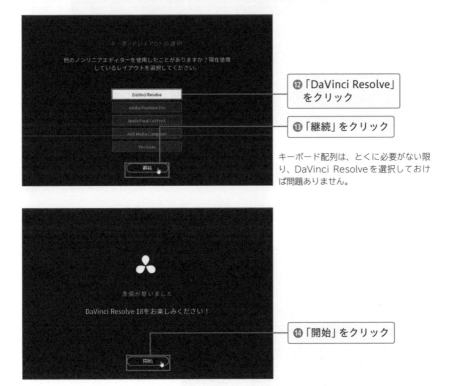

⑫「DaVinci Resolve」
をクリック

⑬「継続」をクリック

キーボード配列は、とくに必要がない限
り、DaVinci Resolveを選択しておけ
ば問題ありません。

⑭「開始」をクリック

31

スプラッシュスクリーンが
表示される

編集画面が表示される

DaVinci Resolveを終了する

DaVinci Resolveが起動したら、一度終了してみましょう。

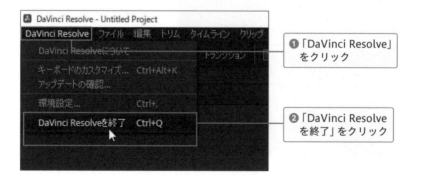

❶「DaVinci Resolve」
をクリック

❷「DaVinci Resolve
を終了」をクリック

Section

09 フレーム・フレームレート・タイムコードについて理解したい

●フレーム　●フレームレート　●タイムコード

DaVinci Resolveでは、編集を始める前にいくつかの設定を行う必要があります。その際複数の専門用語が登場しますが、これらを理解していないと、何をどのように設定すればよいのかサッパリわかりません。とはいえ、すべてをすぐに理解するのは簡単ではありません。そこで、まずはここで紹介する3つの用語をおさえ、必要最低限の設定ができるようになりましょう。

「フレーム」について

　覚えたい用語の1つ目は「**フレーム**」です。動画がどのように動きを表現しているかご存知でしょうか？　動画の原理は、マンガのアニメーションと同じです。小学生の頃、教科書の隅っこに絵を描いて、ページをペラペラとめくって動きを表現したことがある人も多いのではないでしょうか。

　では、動画は何をアニメーションしているのかというと、「写真」です。複数の写真を高速に切り替えることで、動きを表現しているのです。

　動画編集では、そのようにして切り替えながら表示する、多数の写真1枚1枚のことをフレームと呼んでいます。

「フレームレート」について

　動画は複数のフレームを高速に切り替えて動きを表現しますが、1秒間に何枚のフレームを表示するかを示すのが「**フレームレート**」です。単位はfps(エフ・ピー・エス)で、「frames per second」の略です。たとえば、一般的なハイビジョン形式の動画データや本書のサンプルの動画データ、TVなどの動画は、1秒間に約30枚のフレームを高速に切り替えて動きを表現しています。この場合、フレームレートは30fpsと表記します。ただ、最近では正確にフレームレートを表記することから、「29.97fps」というのが、標準的なフレームレートとされています。

主なフレームレート

フレームレート	特徴
24fps	1秒間に24枚のフレームを表示する。映画などに利用され、YouTubeでも映画のような風合いの映像に仕上げたいときに利用されている。
29.97fps（30fps）	1秒間に30枚のフレームを表示する。標準的なフレームレートで、通常はこのフレームレートを利用する。正確には29.97fpsだが、30fpsと考えて利用しても問題ない。
60fps	30fpsの倍のフレームレートであることから、とても滑らかな映像を表現できる。ただし、ファイルサイズは大きくなる。また、高いマシンの処理スペックが要求される。最近では4Kなどで利用されるケースが多い。

「タイムコード」について

　たとえば30fpsの動画を、先頭からちょうど5秒の位置で動画を2つに分ける（分割する）としましょう。このとき開始から5秒の位置のフレームは「約30枚×5秒」で150枚目のフレームとなりますね。5秒程度なら枚数で指定するのは簡単ですが、1時間、2時間となるとどうでしょうか？　枚数では指定するのは面倒でわかりづらいです。

　そこで利用するのが、**タイムコード**です。タイムコードでは、フレームを時間で指定します。たとえば、開始からちょうど5秒の位置のフレームは、次のように2桁の数字を使って表記します。

　では、この場合、ちょうど5秒のフレームの次のフレームはどのように表記するかというと、

00:00:05:01

というように、フレーム数のところが「01」となります。

■ フレーム数のちょっと難しいところ

タイムコードの読み方で難しいのは、次のような場合です。

$$00:00:05:29 \longrightarrow 00:00:05\times30$$

タイムコードのフレーム数が「29」の場合、次のフレームが上記のように表示されるかというと、違うのです。この場合、次のように表記されます。

$$00:00:05:29 \longrightarrow 00:00:06:00$$

このように、秒が繰り上がり、6秒になるのです。ここがフレーム数の読み方の難しいところです。1秒間に約30フレームなので、1秒繰り上がるのです。

フレームサイズと4Kについて

　フレーム、フレームレート、そしてタイムコードの3つの基本的な用語のほかに、知っておくと設定を理解しやすいのが、**フレームサイズ**です。

　フレームサイズは**解像度**ともいい、規格が決まっています。一般的に利用される動画はフルハイビジョンと呼ばれる規格の動画ですが、フレームサイズは1920×1080です。これは、横に1920個、縦に1080個のピクセルで構成されているという意味です。ピクセルというのは、画像を構成している点のことで、**画素**ともいいます。なお、フルハイビジョンは「1080p」と縦のピクセル数で表記される場合もあります。

　たとえば、最近注目されている4K（ヨン・ケイ）ですが、これはフレームが3840×2160というサイズです。Kは1000を表す単位で、1Km＝1000mと同じです。4Kの場合、横に3840個、約4000個のピクセルが並んでいるので、4Kと呼んでいます。このほか、動画編集で目にするフレームサイズには、次の表のようなタイプがあります。

主なフレームサイズ

フレームサイズ	特徴	別表記
SD	フレームサイズは 640 × 480 または 720 × 480。Standard Dentisy の略で、テレビがアナログ放送だった時代の標準映像。DVD などは 720 × 480 というフレームサイズを利用している。	480p
ハイビジョン (HD)	フレームサイズは 1280 × 720。フルハイビジョンが標準化する前に利用されていたハイビジョン形式。	720p
フルハイビジョン (FHD)	フレームサイズは 1920 × 1080。デジタル放送時代の標準的なフレームサイズ。	1080p
4K	フレームサイズは 3840 × 2160。高画質な映像が特徴。対応するビデオカメラ、一眼カメラは多いが、編集にはそれなりのスペックが要求される。最近では、スマートフォンでも 4K 撮影が可能。	2160p

Column | 1080pの「p」ってなに？

「p」は「progressive」（プログレッシブ）の頭文字です。
モニターでの画面表示は、「走査線」と呼ばれる水平線を上から順に描画することで実現しています。このとき、上から1ラインずつ描画する方式を「プログレッシブ方式」といいます。この方式で描画するフォーマットは捜査線の本数と組み合わせて「1080p」のように表します。この場合の走査線の数は、画面の縦のピクセル数と同じです。
これに対して、「インターレース方式」（interlace）という表示形式があります。これは、走査線を偶数ラインと奇数ラインに分け、奇数を表示したら次に偶数を表示するという方式で、「飛び越し走査」とも呼ばれます。「1080i」のように表記され、テレビはこの方式を採用しています。

Section

10

DaVinci Resolveの7つのページと
作業の流れについて知りたい

■ページの切り替え

DaVinci Resolveは、動画編集に必要なアプリケーションを1つに統合したソフトです。さまざまな機能が搭載されていますが、大きく分けて7つの機能が、「ページ」という単位でまとめられています。作業目的に応じてそれぞれのページに切り替えることで、スムーズに作業が行えます。

ページを切り替えるメニュー

　DaVinci Resolveを起動すると、編集画面下部のメニューに7つのボタンが並んで表示されています。このボタンをクリックしてページを切り替え、作業内容を変更します。DaVinci Resolveは、カットページを除いて、左から「メディア」→「エディット」→「Fusion」→「カラー」→「Fairlight」→「デリバー」と順に作業を行うことで、動画作品を出力できます。

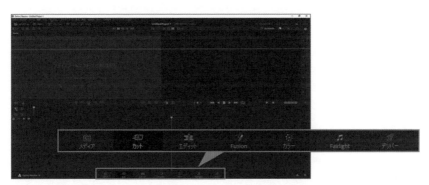

メディアページ

　メディアページは、DaVinci Resolveの各ページで利用する素材の読み込み、管理を行うページです。このページで素材を読み込まないと、カットページ以外の各ページでの編集作業ができません。

　ここでは、内蔵、外付けなどの各保存デバイスから、動画や画像などの素材データを「メディアプール」というパネルに読み込み、これを他のページで利用します。

カットページ

　カットページは他のページとは少し異なったページで、DaVinci Resolve 16 から搭載されました。カットページでは、素材の読み込み→編集→タイトル作成→色補正→出力と各担当ページで処理を行う一連の流れからは独立していて、「カット」ページだけで素材の読み込みから編集、出力まですべてが実行できます。考え方としては、**動画編集ソフトDaVinci Resolveの中にある、別の動画編集ソフト**といえます。

　よく「カットページはDaVinci Resolveの簡易版」という解説を見かけますが、それは違います。カットページは、スピーディに動画編集を行うための機能を備えたページなのです。そのため、編集を行うエディットページとはUI（編集画面のデザイン、ユーザーインターフェイス）が異なります。そして、ソーステープや2段のタイムラインなどスピーディに編集を行うためのさまざまな機能が搭載されています。

　用途としては、たとえば取材先で撮影した映像をその場で編集し、アップロード、公開するといったときには最適です。

　もちろん、他のページとの連携も可能で、とりあえずカットページで編集して公開した動画を、他のページへ切り替えて、さらに作り込んで作品として仕上げることができます。

エディットページ

エディットページは、メディアページで取り込んだ素材をタイムラインに配置して、編集作業を行います。素材の長さを調整するトリミングや順番の並べ替えといった、いわゆるカット編集を行うページです。カット編集以外にも、トランジションの設定、タイトルの挿入、BGMの設定なども行えます。

Fusionページ

Fusionページは、エディットページで設定したタイトルにモーションを設定したり、モーショングラフィックスを設定したりするときに利用するページで

す。元々はモーショングラフィックス専用のソフトでしたが、バージョン16で
DaVinci Resolveに統合されました。エディットページでもタイトル挿入は
できますが、Fusionページでは、テキストアニメーションの詳細な設定や図形
（シェイプ）を利用したモーショングラフィックスなどの作成も可能です。なお、
Fusionページを使いこなすには、ノード（P.186参照）というものを理解する必
要があります。

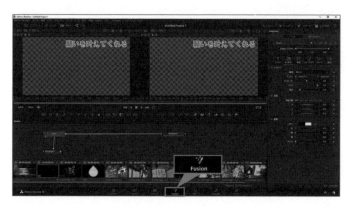

カラーページ

　カラーページは、動画素材の色補正を行います。ホワイトバランスの調整で色を
正しく表示させる「カラーコレクション」、そしてカラーコレクションした映像を
好みの色合いに調整する「カラーグレーディング」を実行して、オリジナルな映像
に仕上げます。

Fairlightページ

　Fairlightページは、音声やBGMなどのオーディオデータを編集するためのページです。カットページ、エディットページでも簡単なオーディオの編集はできますが、ここでは音量調整に加えて、ホワイトノイズなどのノイズリダクションや、複数のクリップの音量を均一にするためのノーマライズなど、詳細な編集が行えます。

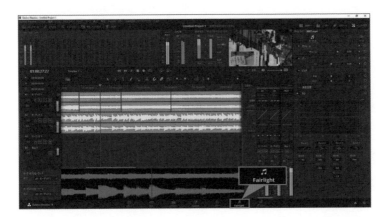

デリバーページ

　デリバーページは、編集を終えたプロジェクトを動画データとして出力するためのページです。デリバーページから、YouTubeなどへもダイレクトにアップロードできます。

DaVinci Resolveでの編集手順

　DaVinci Resolveでの動画編集は、大きく分けて2つの方法が選択できます。1つは、カットページだけで読み込みから編集、そして出力までを行うスピーディな編集方法です。もう1つが、「メディア」→「エディット」→「Fusion」→「カラー」→「Fairlight」→「デリバー」とページ順に作業を進めて編集するオーソドックスな方法です。

　チャートで各ページを利用した作業の流れを確認してみましょう。カットページでは、単独で編集作業を完結できますが、さらに各ページへ移動しての作り込みも可能です。

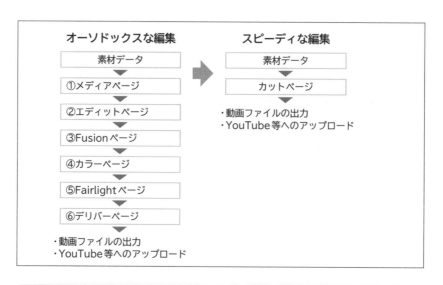

Chapter 2

「カット」ページで
動画を配置する

Section

01

「カット」ページの
機能を知りたい

■「カット」ページの主な機能

「カット」ページに限らず、DaVinci Resolveの各ページはとても独特なインターフェイスを備えています。それだけに、どこにどのような機能が備えられ、どのような機能を果たしているかを知ることは、カットページを使いこなすための必須の条件でもあります。ここでは、知っておきたい主な「カット」ページの機能について解説します。

すべての編集機能を備えた編集ページ

1つの編集画面で素材の取り込みから編集、出力まで対応する「カット」ページですが、それだけに多機能です。そのため、いろいろな機能が詰め込まれていて、使いこなすのが大変だと思われがちですが、意外とスッキリと機能的にまとめられているのが特徴です。

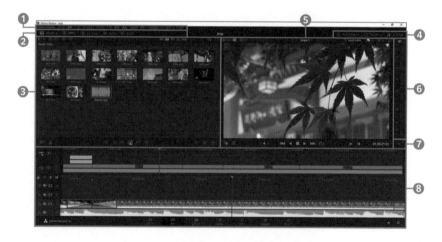

❶メニューバー

DaVinci Resolveのすべてのコマンドを選択・実行できるメニューを表示する。

❷インターフェイスツールバー（左）

メディアプールやタイトル、エフェクトなどのパネルを表示するボタンが配置されている。

❸メディアプール

動画データやオーディオデータなどの素材の整理・管理を行う。

❹インターフェイスツールバー（右）

出力用のクイックエクスポートやタイトルなどの属性を設定するインスペクタパネルの表示ボタンが配置されている。

❺ビューア

素材のプレビューや編集中の状態を表示・確認する。

❻オーディオメーター

音量を棒グラフで表示する。

❼タイムラインのサイズ変更

ボタンを上下にドラッグして、タイムラインのサイズを変更する。

❽タイムライン

素材のトリミングなどのカット編集、エフェクトの設定、タイトルの設定などを行う、編集作業のメイン領域。

Section

02

「カット」ページでの
編集の流れを知りたい

■「カット」ページのワークフロー

「カット」ページでは、素材の読み込みから編集、出力まで行えます。その作業のフローをまとめました。もちろん、ここで紹介する作業をすべて行わなければならないわけではありません。自分が作りたい作品にとって、必要な作業だけを行えばよいのです。そこからさらに作り込みたくなった場合は、他のページへプロジェクトを送って、編集作業を継続しましょう。

カットページのワークフロー

　ここでは大まかな流れについて紹介します。詳細については、各ページの解説を参照してください。

1. プロジェクトの設定（→P.53）

　DaVinci Resolveを起動したら、最初にプロジェクトパネルでプロジェクトを設定します。このときのポイントは、**プロジェクト名**の設定と、**タイムラインフレームレート**の設定です。

新規プロジェクトの作成画面

プロジェクト名の設定も
ここで行います。

プロジェクトの設定画面

Chapter 2

タイムラインフレーム
レートの設定が重要に
なります。

2. 素材の取り込み (→P.55)

メディアプールに素材を読み込みます。

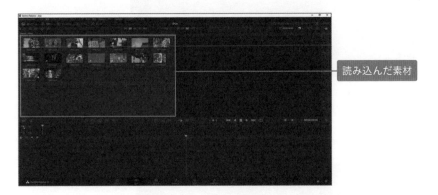

読み込んだ素材

3. 「ソーステープ」でプレビュー(→P.63)

ソーステープ機能を利用して、読み込んだ素材の内容確認（プレビュー）を行います。このとき、ファストレビューを利用すると、スピーディにプレビューができます。

47

ソーステープ

ファストレビュー

4. 使用する動画の範囲を設定する (→P.65)

使用する動画の範囲をイン点、アウト点で設定します。

イン点、アウト点の設定

5. タイムラインに配置 (→P.71)

選択した範囲をタイムラインに配置します。

タイムラインに配置

6. トランジションを設定する（→P.100）

　タイムラインに複数のクリップを配置し、クリップとクリップの切り替わり目に、**トランジション**という場面転換効果を設定します。

タイムラインのクリップに
トランジションを設定

設定されたトランジション効果

7.BGMの設定と音量調整（→P.112）

　必要に応じて、BGMや効果音などを設定します。BGM用の**オーディオデータ**は、タイムラインのオーディオトラックに配置します。また、音量調整は**インスペクタ**で行います。

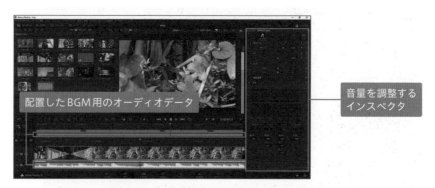

配置したBGM用のオーディオデータ

音量を調整する
インスペクタ

8. タイトルを設定する（→P.119）

　映像、オーディオ関連の編集を終えたら、**タイトル**を設定します。タイトルは、**タイトル用のプリセット**を選んでビデオトラックに配置します。テキストは、**インスペクタ**でフォントや文字サイズなどの編集を行います。

タイトルのプリセット

配置したタイトル用クリップ

タイトルの属性を編集するインスペクタ

9.YouTubeにアップロードする（→P.131）

　編集を終えた動画は、ストレージに動画ファイルとして出力するほか、「カット」ページから**クイックエクスポート**を利用してダイレクトにYouTubeやSNSなどにアップロードできます。

クイックエクスポート

Section

03 あると便利な編集デバイス

■ Speed Editor

効率的な動画編集を行うには、ショートカットキーの利用は必須です。しかし、カットページは編集を行うエディットページとインターフェイスが異なるため、操作方法も異なります。そのため、エディットページとは別のショートカットキーを覚える必要があります。そこで利用したいのが、カットページでの編集に特化したハードウェア「Speed Editor」です。

カットページ専用のハードウェア「Speed Editor」

Blackmagic Designからは、DaVinci Resolveでの動画編集に最適化されたハードウェアがいくつか発売されています。その1つが、「**DaVinci Resolve Speed Editor**」（以下「Speed Editor」と省略）です。Speed Editorは、カットページでの動画編集専用にデザインされたキーボードで、編集作業の高速化を実現できます。

マウスとキーボードによる編集作業では、「コマンドの選択」→「編集ポイントの指定」→「編集操作」と複数のステップが要求されます。Speed Editorでは、目的のコマンドボタンを押してジョグダイヤルを操作するだけで編集できたり、複数キーのコンビネーションによる通常のショートカットキーなども、1つのキーに割り当てられていたりと、動画編集に最適化されています。

また、この後解説するように、カットページではソースモードとタイムライン
モードを行ったり来たりしながら作業を行います。この行ったり来たりも、ボタン
を押すだけで切り替えられます。

　このほか、キーはグループ別に配置されているので、必要なキーをスムーズに探
し出すことができ、通常のキーボードと比べて、よりスピーディな操作が可能です。
なお、マシンとはUSBかBluetoothで接続します。

　「Speed Editor」はBlackmagic Designの公式サイト（https://www.
blackmagicdesign.com/jp/products/davinciresolve/keyboard）から
購入できるほか、Amazonや楽天等のショッピングサイトでも購入可能です。公
式サイトでは63,980円（税込価格）ですが、ショッピングサイトでは3万円台か
ら販売されています（原稿執筆時）。

　また、「DaVinci Resolve Studio」のライセンスがバンドルされた製品が、
ショッピングサイトでは6万円台で購入できます。ハードウェアの価格だけで
DaVinci Resolve Studio（47,800円）が付属していると考えると、コストパ
フォーマンスは抜群です。

Section

04 プロジェクトの基本的な 設定方法を知りたい

●プロジェクトの設定

DaVinci Resolveを起動して最初に行う作業が、プロジェクトの設定です。ここで設定した内容は、プロジェクトファイルとして保存されます。次に再編集する場合は、このプロジェクトファイルを開いて再開します。なお、プロジェクトの設定パネルには多くの設定項目がありますが、必要最低限のオプションだけを設定すれば、編集を開始できます。

タイムラインフレームレートが重要

　最初に編集を開始する際に行うのは、**プロジェクト名**とその**プロジェクト内容の設定**です。最も重要なのは、プロジェクトの設定内にある**タイムラインフレームレート**で、この値を**撮影したときのフレームレート**に設定します。プロジェクト名は後からでも変更可能ですが、タイムラインフレームレートは、最初に設定した値を後から変更できないので、注意してください。

　なお、撮影したときのフレームレートは、「メディア」ページで「メタデータビュー」表示をすると(P.148)、「FPS」のプロパティが表示されるので、そこから確認できます。

プロジェクト名を入力する

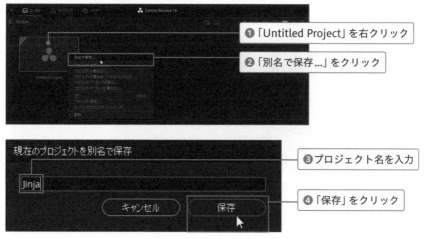

❶「Untitled Project」を右クリック

❷「別名で保存…」をクリック

❸プロジェクト名を入力

❹「保存」をクリック

プロジェクトの設定パネルを表示

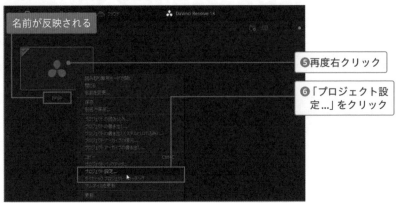

名前が反映される

⑤再度右クリック

⑥「プロジェクト設定...」をクリック

最低限のプロジェクト設定

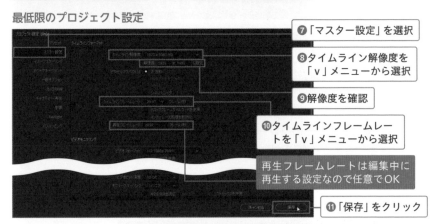

⑦「マスター設定」を選択

⑧タイムライン解像度を「v」メニューから選択

⑨解像度を確認

⑩タイムラインフレームレートを「v」メニューから選択

再生フレームレートは編集中に再生する設定なので任意でOK

⑪「保存」をクリック

編集画面の表示

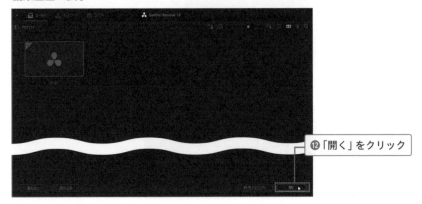

⑫「開く」をクリック

Section

05
素材をプロジェクトに
読み込みたい

■メディアフォルダーの読み込み

編集素材の読み込みは、通常はメディアページで行いますが（P.142参照）、カットページに関しては、カットページでの読み込みが可能です。なお、素材は、ファイル単位での読み込み、フォルダー単位での読み込みと2種類の読み込み方法があります。ここでは、フォルダー単位での読み込み方法を解説します。

フォルダーを選択して読み込む

　ここでは、動画データをカットページでの編集素材として読み込んでみましょう。本書で使用しているデータは、P.287ページのURLにアクセスすると、ダウンロードできます。ダウンロードしたサンプルの動画素材は「Video」という名前のフォルダーを作成し、そこに保存してください。これをフォルダーごとカットページに読み込んでみます。なお、読み込んだ素材データは、カットページの**メディアプール**に登録されます。メディアページにもメディアプールがありますが、それと連動しています。

読み込みコマンドを選択する

❶「メディアプール」をクリック

❷「メディアフォルダーの
　読み込み」をクリック

フォルダーを選択

❸保存先ドライブを選択

❹保存先フォルダーを
　クリックして選択

❺「フォルダーの選
　択」をクリック

55

カットページでの表示

選択したフォルダー内の動画
ファイルが読み込まれる

メディアページでの表示

メディアページ（P.142）のメ
ディアプールとも連動している

💡 Hint

❷で「メディアフォルダーの読み込み」ではなく「メ
ディアの読み込み」を選択した場合は、「メディアの
読み込み」ウィンドウで動画ファイルが保存されてい
るフォルダーを開き、動画ファイルを個別に選択して
「開く」をクリックします。動画ファイルを個別に複
数選択する場合は、 Shift キーや Ctrl キーを押しな
がら動画ファイルをクリックしてください。

Section

06
素材の並べ替えや
表示方法を変更したい

■メディアの並べ替え

メディアプールに読み込んだ素材は、デフォルトでは動画の再生時間の長さに応じて並べられていますが、利用目的に応じて並べ替えることもできます。また、表示方法も、アイコン表示やリスト表示など、利用しやすい方法に切り替えられます。ここでは、ファイル名順（クリップ名）に並べ替え、さらに表示方法をいろいろと変更してみましょう。

並べ替え

クリップ（素材）を**ファイル名（クリップ名）**の順番に並べ替えてみましょう。

クリップの並べ替え

❶「並べ替え」をクリック

❷「クリップ名」をクリック

クリップが名前の順番で並べ替えられる

表示方法の変更

　動画素材は、**サムネイルビュー**という方法で表示されています。これを、メタデータビュー（素材の情報）、ストリップビュー、リストビューなどに切り替えて表示してみましょう。

メタデータビューで表示

「メタデータビュー」をクリック

Glossary

メタデータ
撮影日や再生時間など素材の詳細な情報のこと。

ストリップビューで表示

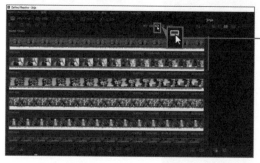

「ストリップビュー」をクリック

Glossary

ストリップ
サムネイルを横に並べた細長い形。

リストビューで表示

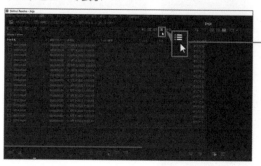

「リストビュー」をクリック

Glossary

リスト
一覧表形式。

素材の保存先「ビン」を操作する

■ビンリスト

動画編集では、素材データなどを保存するフォルダーを「ビン」と呼びます。フィルムでのアナログ編集時代には、ハサミでカットしたフィルムをバケツのような器に放り込んでいましたが、このバケツを「ビン」と呼んでいたようです。そこから、デジタル編集時代でも、素材を保存するフォルダーを「ビン」と慣習的に呼ぶのかもしれません。

ビンリストの操作

　フォルダーごと読み込んでメディアプールに登録された素材は、**ビン**と呼ばれるフォルダーで管理されます。そのビンは、**ビンリスト**で管理されています。たとえば、Section05で読み込んだフォルダーを、ビンとして表示してみましょう。

ビンの表示

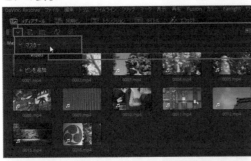

❶「ビンリスト」の「∨」をクリック

❷「マスター」を選択

読み込んだビン（フォルダー）が表示される

ビンの追加と削除

　新たにビンを設定する方法は複数ありますが、最も利用しやすいのが、メディアプール上で右クリックし、表示されたコンテクストメニュー（右クリックで表示されるメニュー）から**新規ビン**を選択する方法です。

ビンの追加

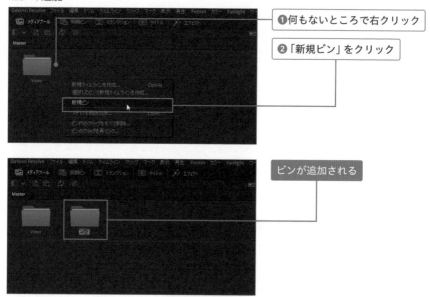

❶何もないところで右クリック

❷「新規ビン」をクリック

ビンが追加される

ビンを削除

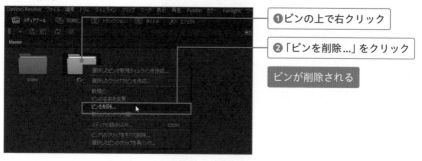

❶ビンの上で右クリック

❷「ビンを削除...」をクリック

ビンが削除される

<Point> **ビンの中のデータに注意**

ビンの中にデータが保存されていても、確認メッセージは表示されずに削除されます。

Section

08 タイムラインに配置する前に 動画内容をプレビューする

■スクラブ ■ソースクリップ

読み込んだ素材を利用する前に、素材動画がどのような内容なのか確認する必要があります。これを「プレビュー」(事前確認)といいますが、動画編集では重要な作業です。カットページには複数のプレビュー機能が搭載されていますが、ここではファイル単位(クリップ単位)で確認する方法(ソースクリップで表示)について解説します。

スクラブでプレビューする

メディアプールの素材を最も簡単に確認する方法に、**スクラブ操作**があります。これは、メディアプールに表示されているサムネイル(小さな画像)の上で、マウスを左右に移動する方法です。このとき、マウスのボタンを押している必要はありません。

スクラブでのプレビュー

❶マウスを左端に合わせる

赤いラインが表示される

❷マウスを右に移動

サムネイル内で内容を確認できる

プレビュー画面で確認する

　大きな画面でプレビューしたい場合は、**プレビュー画面**を利用します。この表示方法は、Section09で紹介する「ソーステープ」に対して、「ソースクリップ」といいます。

❶サムネイルをダブルクリック

❷プレビュー画面に映像が表示される

マウスで再生位置を操作する場合

❶再生カーソルを
左右にドラッグ

プレビュー画面に映像が表示される

コントローラーでプレビューする場合

❶「再生」をクリック

プレビュー画面に映像が再生される

Section

09 読み込んだすべての動画
ファイルを連続で確認したい

■ソーステープ ■ファストレビュー

カットページには「ソーステープ」という機能が搭載されています。これは、メディアプールに読み込んだすべての動画ファイルを、1本のビデオテープのようにつなげて利用する機能です。これによって、クリップを1つずつ選ぶ手間なしで連続してプレビューできます。また、「ファストレビュー」を併用すると、さらにスピーディなプレビューが可能です。

ソーステープでプレビューする

ソーステープは、メディアプールのすべてのクリップをつなげ、まるで**1本の
テープのようにプレビュー画面に表示**します。

ソーステープ

| 01.mp4 | 02.mp4 | 03.mp4 | 04.mp4 |

ここで再生カーソルをドラッグすれば、一気にすべてのクリップを連続してプレビューできます。

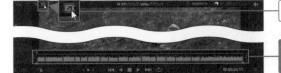

❶「ソーステープ」をクリック

すべてのクリップが
連続して表示される

❷再生カーソルを
左右にドラッグ

内容を確認できる

ファストレビューでプレビューする

　ファストレビューを利用すると、再生時間の短いクリップはゆっくりと再生され、長いクリップは速い速度で再生されます。このとき、再生カーソルをドラッグする必要はありません。これによって、クリップの内容を見落とすことなくスピーディにプレビューできます。

■ ファストレビューで逆再生する

　「逆再生」をクリックしてファストレビューすると、再生と同じようにして逆再生でプレビューできます。なお、ファストレビューをクリックしてから再生（逆再生）が開始されない場合は、再生（逆再生）をクリックしてから、ファストレビューをクリックしてください。

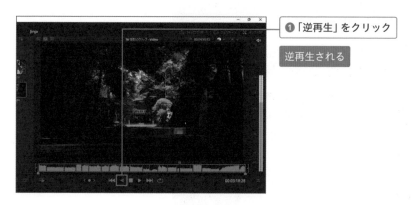

64

Section

10

動画の中から使用する範囲をザックリと選びたい

■ソーステープ ■イン点 ■アウト点

ソースのプレビュー後、クリップの中でどの部分を利用するのかを設定します。必要な範囲の開始位置は「イン点」で指定し、終了する位置は「アウト点」で指定します。なお、イン点、アウト点はショートカットキーを利用するとスピーディに設定できます。

ソーステープで利用する範囲を設定する

短いクリップを除けば、クリップを編集することなく、そのまま利用するということはあまりありません。基本的には、使いたい範囲を指定して、その部分だけを利用します。このとき、**利用範囲の先頭はイン点**で指定し、**範囲の最後はアウト点**で指定します。それぞれキーボードのショートカットキーを利用して指定しましょう。また、範囲を正確に決める必要はありません。後から細かく修正できますので、ここではザックリと範囲を決めておきます。

開始点を見つける

❶再生カーソルをドラッグ

❷開始位置の映像を確認

イン点を設定

❸ Ⓘキーを押してイン点を設定

アウト点を設定

❹再生カーソルをドラッグ

❺終了の映像を確認

❻Ⓞキーを押してアウト点を設定

ShortCut

イン点：Ⓘ
アウト点：Ⓞ

イン点を変更する

　設定したイン点を変更したい場合は、新しく設定したい位置に再生カーソルを合わせ、再度Ⓘキーを押してください。イン点が修正されます。アウト点でも同様です。また、それぞれの点の下にあるハンドルをドラッグしても、変更できます。

イン点を変更

❶再生カーソルを移動

❷映像を確認

❸Ⓘキーでイン点を変更

ドラッグしても変更可能です。

イン点、アウト点を削除する

　設定したイン点、アウト点を削除したい場合は、メニューバーから「マーク」→「イン点とアウト点を削除」を選択してください。設定したイン点、アウト点が削除されます。なお、メニューを表示してのマウス操作は時間がかかりますので、ショートカットキーの利用をおすすめします。

コマンドを選択する

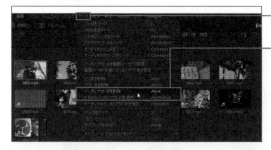

❶「マーク」をクリック

❷「イン点とアウト点を削除」をクリック

▶ ShortCut

Win： `Alt`＋`X`
Mac： `Option`＋`X`

イン点、アウト点が削除された

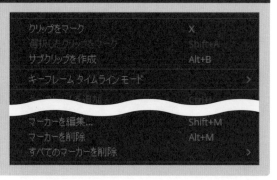

Column ｜ ショートカットキーの確認

DaVinci Resolveで操作するコマンドにショートカットキーが割り当てられている場合は、メニューバーや右クリックなどでメニューを表示すると、メニューの右にショートカットキーが表示されています。スピーディな編集を実現するには、なるべくこのショートカットキーを覚えましょう。

クリップをマーク	X
選択したクリップをマーク	Shift+A
サブクリップを作成	Alt+B
キーフレーム タイムラインモード	>
	Ctrl+
マーカーを編集...	Shift+M
マーカーを削除	Alt+M
すべてのマーカーを削除	>

ソースクリップで利用する範囲を設定する

　イン点、アウト点の設定は、プレビューで解説したソースクリップでも可能です。設定方法はソーステープでの方法と同じですが、その都度、利用するクリップを選択する必要があります。

　また、イン点、アウト点の変更は、消去して新たに再設定してもよいですが、設定してあるイン点、アウト点の下にあるハンドルをドラッグしても可能です。この際、イン点とアウト点のフレームを、上部のプレビュー画面で確認できます。

イン点を設定

❶クリップをダブルクリック

❷再生カーソルをドラッグ

❸Ⅰキーを押してイン点を設定

アウト点を設定

❹再生カーソルをドラッグ

❺Oキーを押して
アウト点を設定

ハンドルをドラッグして変更

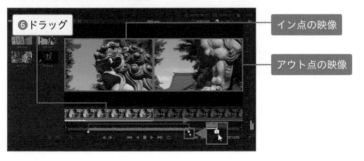

❻ドラッグ

イン点の映像

アウト点の映像

Section

11

タイムラインの機能と特徴を理解したい

■タイムライン　■トラック

カットページのタイムラインは、独特のインターフェイスを備えています。クリップをタイムラインに配置すると、トラックが上下2段の状態で表示されます。上段と下段の表示内容の違いを理解してから、この次のSection12を操作してください。ここでは、ザックリと2段構成のタイムラインでの操作法を解説します。

タイムラインの構成と役割

　カットページのタイムラインは、**デュアルタイムライン**という、上下2段で構成されているユニークなデザインです。これも、すべてスピーディな編集のための機能です。ただし、2つに分かれているからといって別々のものではなく、1つのプロジェクト内での表示方法が異なっているだけです。

　このタイムラインには2つの役割があります。1つは、クリップの配置、並べ替え、トリミングといった**編集作業によってストーリーを作る**こと、もう1つが、タイムラインに並べた**クリップを管理する**機能です。なお、このタイムライン自体は、メディアプールで管理されます。

トラックヘッダー
トラック番号やトラックをコントロールするための機能を備えている

上段トラック
プロジェクト全体を縮小して、常にすべてのクリップを表示する。クリップの並び順の確認、並べ替えなどを行う

上段の再生ヘッド
ドラッグすることで、編集ポイントを変更できる

下段トラック
上段トラックの再生ヘッド付近を拡大して表示する。エフェクトなどの設定対象クリップの選択や、エフェクトの設定などを行う

下段の再生ヘッド
再生ヘッドの移動はできないが、トラック上で左右にマウスドラッグするとクリップが移動して、拡大表示する位置を変更できる

2段構成の使い分け

編集作業の流れとしては、まず**上段トラック**の再生ヘッドをドラッグして編集ポイントを探し、**下段トラック**で編集処理を行います。

再生ヘッドをドラッグ

❶再生ヘッドを左右にドラッグ

編集ポイントの確認

再生ヘッドを移動する

編集ポイント付近が拡大表示される

Column | 2段目の再生ヘッドをドラッグで移動できるようにする

2段目の再生ヘッドはドラッグしても動きません。2段目のクリップ上を左右にドラッグすると、クリップが左右に移動します。ただし、トラックヘッドの「フリー再生ヘッド」ボタン❶をクリックすると、再生ヘッドをドラッグで移動できるようになります。固定に戻す場合は、「固定再生ヘッド」❷をクリックします。

Section

12 選択した動画範囲を 編集画面に配置したい

■末尾に追加 ■リップル上書き ■クローズアップなど

ビューアパネルでイン点、アウト点で指定した範囲を、タイムラインに配置します（タイムライン
についての解説はSection11を参照）。クリップをタイムラインに配置して、初めて編集作業が
できるようになります。タイムラインへの配置方法は複数あり、それぞれに特徴があります。その
特徴を理解し、うまく使い分けましょう。

配置のためのボタン

メディアプールの下部には、範囲指定したクリップをタイムラインに配置するた
めの**6種類の編集ボタン**が配置されています。

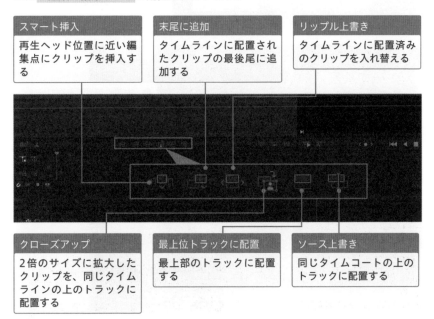

> **スマート挿入**
> 再生ヘッド位置に近い編集点にクリップを挿入する

> **末尾に追加**
> タイムラインに配置されたクリップの最後尾に追加する

> **リップル上書き**
> タイムラインに配置済みのクリップを入れ替える

> **クローズアップ**
> 2倍のサイズに拡大したクリップを、同じタイムラインの上のトラックに配置する

> **最上位トラックに配置**
> 最上部のトラックに配置する

> **ソース上書き**
> 同じタイムコートの上のトラックに配置する

「末尾に追加」でタイムラインに配置する

末尾に追加は、最も利用されるクリップの追加ボタンです。タイムラインパネル

に最初にクリップを配置する場合、この「末尾に追加」を利用します。また、タイムラインにすでにクリップが配置されている場合は、タイムラインの最後に追加されます。

◼ 初めてクリップを配置する場合

初めてタイムラインパネルにクリップを配置する場合、範囲指定をして「末尾に追加」をクリックすると、タイムラインが自動的に作成され（→P.86）、クリップが2段の状態で配置されます。

❶使用する範囲を設定

❷「末尾に追加」をクリック

タイムラインが作成され、クリップが2段の状態で配置される

◼ 範囲指定せずに配置する場合

クリップの範囲指定をせずに、メディアプールからダイレクトにタイムラインに配置することもできます。

❶タイムラインに配置したいクリップをダブルクリック

❷「末尾に追加」をクリック

ソースクリップモードで表示される

タイムラインが作成され、クリップが2段の状態で配置される

Column　ソースクリップで範囲指定する

メディアプールでクリップをダブルクリックすると、プレビュー画面にはソースクリップモードで表示されます。ここでも、ソーステープと同様に、使用する範囲をイン点、アウト点で設定し、「末尾に追加」で配置できます。

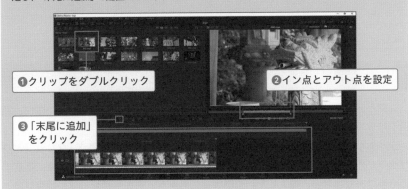

❶クリップをダブルクリック

❷イン点とアウト点を設定

❸「末尾に追加」をクリック

■ すでにタイムラインにクリップが配置されている場合

タイムラインにクリップが配置されている場合は、正に「末尾に追加」の出番です。

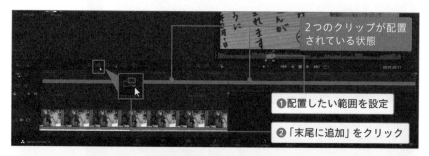

2つのクリップが配置されている状態

❶配置したい範囲を設定

❷「末尾に追加」をクリック

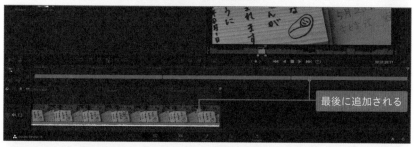

最後に追加される

「スマート挿入」で配置する

スマート挿入は、タイムラインに配置されているクリップとクリップの間に、別のクリップを挿入するときに利用します。

タイムラインに複数のクリップが配置されている状態で、編集点 (クリップとクリップが接合している点) の位置に挿入します。この際、その位置を正確に指定する必要はありません。挿入したい位置周辺に再生ヘッドを合わせれば、編集対象となる編集点にスマートインジケーターという「v」マークが表示されます。

Chapter 2

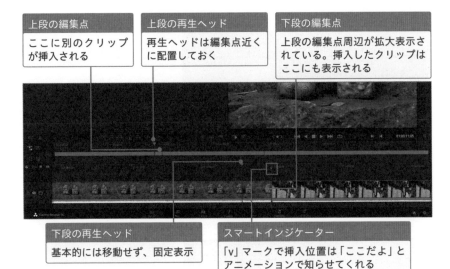

上段の編集点	上段の再生ヘッド	下段の編集点
ここに別のクリップが挿入される	再生ヘッドは編集点近くに配置しておく	上段の編集点周辺が拡大表示されている。挿入したクリップはここにも表示される

下段の再生ヘッド	スマートインジケーター
基本的には移動せず、固定表示	「v」マークで挿入位置は「ここだよ」とアニメーションで知らせてくれる

■ スマート挿入の操作手順

スマート挿入で2つのクリップの間に別のクリップを挿入するには、次のように操作します。

使用したい範囲を決める

❶使用範囲をイン点、アウト点で指定

挿入位置を決める

挿入したい編集点

❷再生ヘッドを挿入したい編集点付近に合わせる

❸スマートインジケーターを確認

スマート挿入を実行

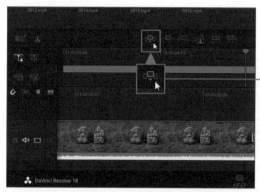

❹「スマート挿入」をクリック

上段に挿入されたクリップ

下段に挿入されたクリップ

上段の再生ヘッド位置
（編集点）周辺が拡大表
示されている

🔍 Glossary

編集点
タイムライン上で、クリップとク
リップが接合されている部分。

「クローズアップ」で配置する

　クローズアップは、タイムラインに配置したクリップを、元のサイズの2倍の倍
率で拡大表示したクリップを配置します。配置される場所は、現在のトラックの上
のトラックです。簡単にいえば、トラック1に配置したクリップに再生ヘッドを置
いて「クローズアップ」をクリックすると、その位置から5秒分を2倍に拡大して
トラック2に配置してくれる機能です。

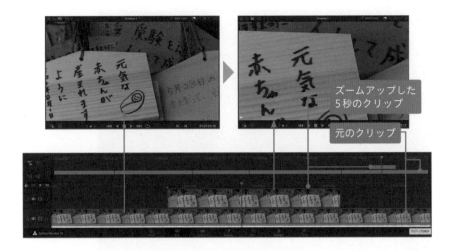

ズームアップした
5秒のクリップ

元のクリップ

■ クローズアップでの操作手順

クローズアップを利用して、拡大部分を上のトラックに配置するには、次のように操作します。

❶再生ヘッドを合わせる

再生ヘッド位置の映像

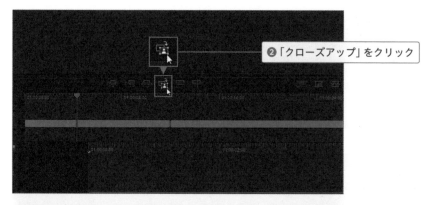

❷「クローズアップ」をクリック

2倍に拡大したクリップが配置される

2倍に拡大された映像

「リップル上書き」で配置する

　リップル上書きは、トラックに配置してあるクリップを、別のクリップと入れ替える機能です。このとき、トラック上のクリップと新しいクリップの長さ（デュレーション）が違っても問題はありません。トラック上のクリップより短い場合は短いなりに、長い場合は長いなりに、ギャップ（空き）が発生しないように調整して入れ替えられます。このように**ギャップが発生しないようにクリップを配置する機能をリップル**といいます。

元のクリップ

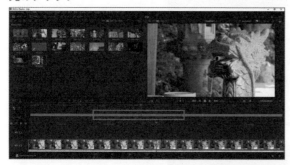

短いクリップでリップル上書き

長いクリップでリップル上書き

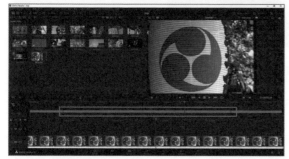

■「リップル上書き」での操作手順

リップル上書きを利用して、トラックに配置したクリップの指定した位置に他の
クリップを上書きするには、次のように操作します。

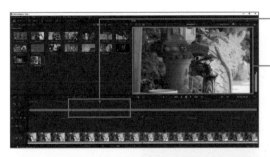

❶再生ヘッドをクリップに
　合わせる

❷映像を確認

❸置き換えたいクリップを選択

❹「ソースクリップ」を
　クリック

❺映像を確認

💡 Hint

必要に応じてイン点、アウト点で
範囲を指定します。

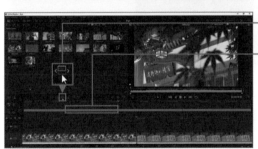

❻「リップル上書き」をクリック

クリップが入れ替わる

> **Point　クリップの長さは関係ない**
>
> トラックのクリップと入れ替わるクリップの長さ（デュレーション）は異なってもかまいません。新しいクリップの長さに応じて、ギャップ（空き）が発生しないように自動調整されます。

「ソース上書き」で配置する

　ソース上書きは、マルチカメラ編集といって、複数のカメラで同じシーンを別アングルで撮影した動画編集に利用する機能です。たとえば、お料理の動画で、横からのカットと真上からのカットを撮影し、「メインは横からのカットだが、包丁を入れる瞬間、真上からのカットに切り替える」といったときに利用します。このような動画の挿入方法をカットインといいますが、この場合重要なのは、**複数のカメラが同じタイムコードで撮影されていること**です。

　本書のサンプルのように、1台のカメラで撮影した複数のカットでも利用は可能です。通常、一眼カメラやビデオカメラで撮影した動画データは、すべての動画のタイムコードが「00:00:00:00」から開始されています。いわば、タイムコードが同期されているわけですね。

　たとえば、タイムラインに配置したクリップの「00:00:04:00」(4秒の位置)から「00:00:08:00」(8秒の位置)の4秒間を、別のクリップの同じタイムコードの4秒から8秒までのクリップと入れ替えるといった使い方ができます。このような動画の挿入方法を**カットアウェイ**といいます。

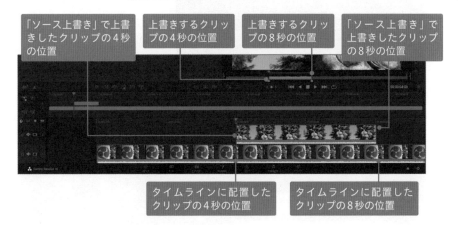

「ソース上書き」で上書きしたクリップの4秒の位置

上書きするクリップの4秒の位置

上書きするクリップの8秒の位置

「ソース上書き」で上書きしたクリップの8秒の位置

タイムラインに配置したクリップの4秒の位置

タイムラインに配置したクリップの8秒の位置

■「ソース上書き」で配置する

　ソース上書きを利用して、ビューア画面でクリップの範囲を指定し、トラックに配置したクリップの同じタイムコード位置に上書きするには、次のように操作します。ここでは、タイムラインに配置したクリップの4秒から8秒を、上書きするクリップの4秒から8秒の範囲で上書きしてみます。

トラックにクリップを配置する

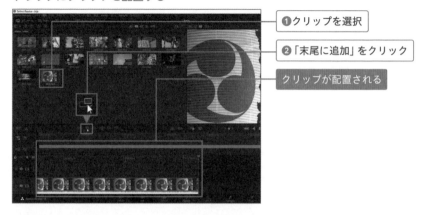

❶クリップを選択

❷「末尾に追加」をクリック

クリップが配置される

上書きする4秒の位置を設定する

❸上書きするクリップを選択

❹「ソースクリップ」をクリック

❺4秒の位置を確認

❻イン点を設定

アウト点を決めて上書きする

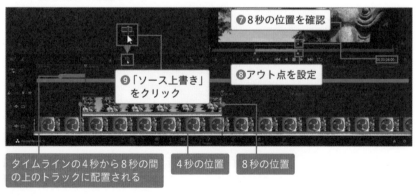

❼8秒の位置を確認

❾「ソース上書き」をクリック

❽アウト点を設定

タイムラインの4秒から8秒の間の上のトラックに配置される

4秒の位置

8秒の位置

「最上位トラックに配置」で配置する

　最上位トラックに配置は、たとえばトラック1、トラック2にすでにクリップが配置されている場合、トラック3にクリップを配置する機能です。このとき、トラック3など最上位トラックがない場合は、自動的に設定して配置されます。

　カットページに限らず、DaVinci Resolveのトラックでは、最上位にあるトラックの映像がビューア画面に表示されるという決まりがあります。そのため、複数トラックにクリップが配置されている場合、ビューアに映像を表示させるには、最上位のトラックに配置する必要があるのです。

■「最上位トラックに配置」で配置する

　「最上位トラックに配置」を利用して、トラック3にクリップを配置してみましょう。なお、画面ではまだトラック3は存在していません。

Section

13 配置したクリップやトラックを削除したい

■ Delete ■トラックを削除 ■空のトラックを削除

タイムラインで編集を行っていると、トラックに配置したクリップが不要になることもあります。また、クリップを削除したことで、そのクリップを配置していたトラックが不要になることもあります。そのように不要なクリップやトラックを削除すれば、タイムラインをスッキリと整理できます。

不要なクリップを削除する

トラックに配置したクリップが不要になった場合、不要なクリップを選択して Delete キーを押して、**クリップを削除**します。クリップの選択は、マウスでクリックするだけです。

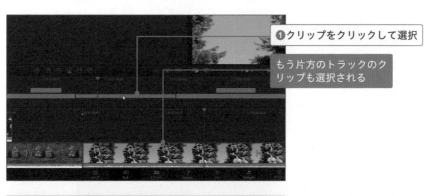

❶クリップをクリックして選択

もう片方のトラックのクリップも選択される

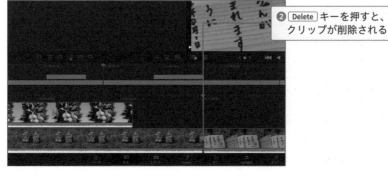

❷ Delete キーを押すと、クリップが削除される

不要なトラックを削除する

　トラックが不要になった場合、タイムラインから削除できます。このとき、クリップのないトラックはもちろん、トラックにクリップがあっても削除できます。この点が、トラックを削除する場合に注意しなければならない点です。

■ トラックにクリップがない場合

　トラックにクリップがない場合は、「**空のトラックを削除**」を選択します。「トラックを削除」を選択しても削除できるので、どちらを選択してもかまいません。

❶削除したいトラック番号で右クリック

❷「空のトラックを削除」をクリック

■ トラックにクリップがある場合

　トラックにクリップがある場合は、「**トラックを削除**」を選択します。この場合、削除対象のトラックにあるすべてのクリップが削除されるので、その点に注意してください。

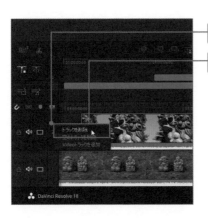

❶削除したいトラック番号で右クリック

❷「トラックを削除」をクリック

Section

14

タイムラインの追加・削除・切り替えの方法を知りたい

■ タイムラインの自動作成

DaVinci Resolveに限らず、動画編集ソフトでは、「タイムライン」と呼ばれるパネル上に素材（クリップ）を配置して編集作業を行います。ただし、カットページを最初に表示した状態では、このタイムラインはまだ作成されていません。タイムラインは、ソーステープで範囲指定したデータを配置すると自動的に作成されます。配置前に手動で作成することも可能です。

素材を配置して自動生成されたタイムライン

　カットページ、エディットページでの動画の編集作業は、タイムラインパネルにタイムラインを開いて行います。ややこしい話ですので、ちょっと整理しましょう。タイムラインパネルとは、編集作業を行うための机のようなものです。そして、その机にタイムラインというノートを開き、そのノートの上に動画などのクリップを配置して編集作業を行うのです。

　そのタイムラインですが、タイムラインパネルにクリップを配置しようとすると、自動的にタイムラインが作成され、そこにクリップが配置されているのです。そのタイムラインは、メディアプール上部にある「Master」にあります。「Master」をクリックすると、自動作成されたタイムラインを確認できます。

　作成したタイムラインには、トラックの情報や、配置したクリップに対するさまざまな編集情報が保存されています。なお、タイムラインは手動でも作成でき、タイムライン上で切り替えることで編集内容を変更できます。

■ タイムラインを確認する

　Section12等の方法で、まだタイムラインが作成されていない状態でクリップを配置すると、自動的にタイムラインが作成され、そのトラックにクリップが配置されます。ことのとき作成されたタイムラインは、カットページのメディアプールに登録されています。

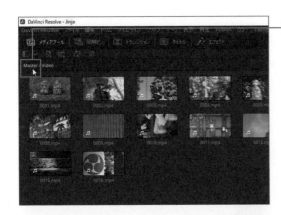

❶「Master」をクリック

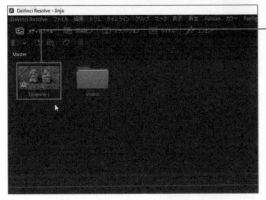

タイムラインが作成・
登録されている

　タイムラインのサムネイルが登録されています。このタイムラインを利用中なので、左上にチェックマークが付いています。

　タイムラインは1つのプロジェクト内に複数作成できます。複数のタイムラインを使用する場面は、たとえば、神社Aと神社Bの映像を1つのプロジェクト内で編集したい場合です。AとBのタイムラインを作成してそれぞれの神社の映像を編集し、さらにCというタイムラインを作成します。そこにAとBのタイムラインをトラックに並べれば、1本のムービーとして出力できます。この場合、タイムラインのA、Bは1つの素材（クリップ）として利用できます。

タイムラインを手動で作成する

　タイムラインは、必要に応じて**手動でも作成**できます。現在編集しているタイムラインとは別のタイムラインを利用したいときに作成します。なお、メディアプールに読み込んだ素材データは共有できます。

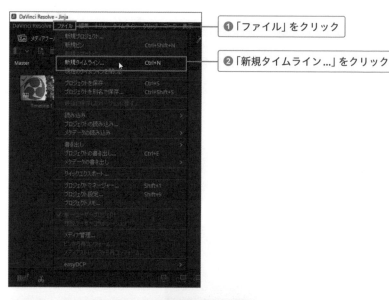

❶「ファイル」をクリック

❷「新規タイムライン...」をクリック

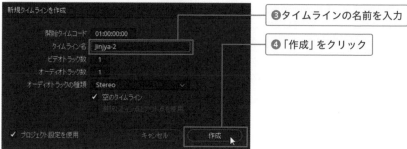

❸タイムラインの名前を入力

❹「作成」をクリック

Point フレームレートの変更

通常、プロジェクトのタイムラインフレームレートは変更できません。しかし、❸の操作でタイムライン名を入力後、左下にある「プロジェクト設定を使用」のチェックマークをクリックしてオフにすると、ダイアログボックスの表示が変わります。そこに「フォーマット」タブがあるので、そこでフレームレートを変更できます。

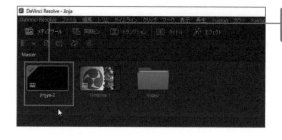

空のタイムラインが作成・表示される

タイムラインの名前を変更する

　自動で作成されたタイムラインは、名前が「Timeline 1」などと表示されています。この名前を変更してみましょう。

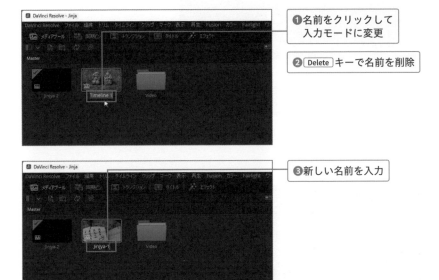

❶名前をクリックして入力モードに変更

❷ Delete キーで名前を削除

❸新しい名前を入力

別のタイムラインを表示する

　現在開いているタイムラインではなく、別のタイムラインを利用したい場合は、タイムラインのサムネイルをダブルクリックします。これで**タイムラインが表示**されます。

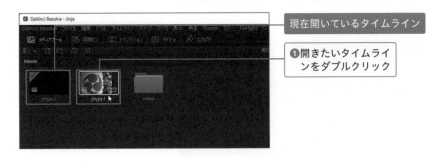

現在開いているタイムライン

❶開きたいタイムラインをダブルクリック

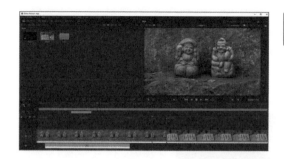

別のタイムラインが
表示される

タイムラインを削除する

　タイムラインが不要になった場合は、これを削除します。**タイムラインの削除**は、次のように操作します。

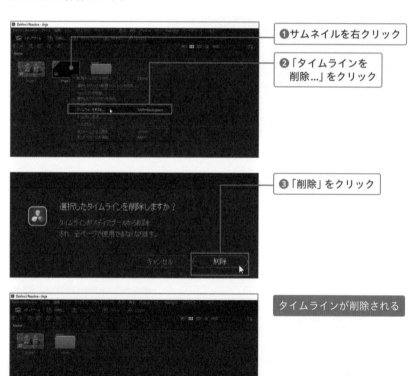

❶ サムネイルを右クリック

❷「タイムラインを
　削除…」をクリック

❸「削除」をクリック

タイムラインが削除される

Section

15

配置したクリップの順番を
変更したい

● クリップの移動

タイムラインのトラックに配置した複数のクリップは、左から順番に再生されます。このとき、クリップを移動させて並び順を変えることで、プロジェクト全体のストーリーの流れを変えることができます。クリップの移動は、マウスでドラッグして行います。

クリップをドラッグして移動する

タイムラインに配置したクリップは、1段目のトラック上でクリップを左右に**ドラッグして移動**します。次の例では、3個のクリップが配置されていますが、3番目のクリップを1番目と2番目の間に移動するには、次のように操作します。このとき、ドラッグする方法に注意してください。

❶クリップをトラックから
外すように上にドラッグ

❷この編集点までドラッグ

Point **列から外すようにドラッグ**

クリップをドラッグする際、単に左右にドラッグしただけでは、うまく移動させることができません。一度列から外すようにちょっと上にドラッグし、そのまま挿入点までドラッグしてドロップします。

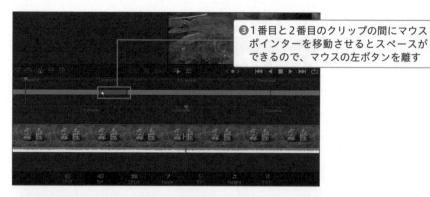

❸1番目と2番目のクリップの間にマウス
ポインターを移動させるとスペースが
できるので、マウスの左ボタンを離す

クリップが移動する

Section

16

配置したクリップを
分割したい

■クリップ分割

タイムラインに配置したクリップを分割し、一方を削除したり移動させることができます。この場合、クリップの分割作業は1段目のトラックで分割したいカット点を見つけ、2段目のトラックで分割作業を行うと、スピーディに処理を行うことができます。

クリップを分割する

ここでは、タイムラインの先頭（左端）に配置した**クリップを2つに分割**し、一方を削除してみましょう。

❶再生ヘッドを分割したい位置に合わせる

❷分割位置をビューアで確認

❸2段目の再生ヘッドを右クリック

❹ハサミのアイコンをクリック

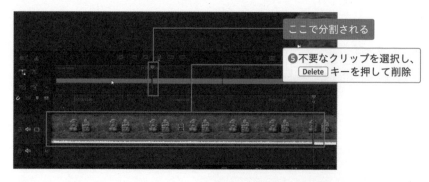

ここで分割される

❺不要なクリップを選択し、
[Delete] キーを押して削除

💡 Hint

ハサミ型のボタンをクリックすると、再生
ヘッド位置でクリップを分割できます。た
だし、再生ヘッド位置を決めてボタンの位
置までマウスを動かす必要があるので、作
業効率は悪くなります。

マウスポインターをこの距
離だけ動かす必要がある

Section

17

配置したクリップの範囲を
調整したい

■クリップをトリミング

メディアプールにあるクリップは、ビューア画面でイン点、アウト点を設定してタイムラインに配置しますが、配置後に不要な部分をカットしたり、時間調整のためにクリップの長さを調整しなければならない場合もあります。このように、タイムライン上でクリップの時間調整を行う作業を「トリミング」といいます。ここでは、トリミングの基本操作について解説します。

クリップをトリミングする

タイムラインに配置したクリップのデュレーション調整を**トリミング**といいますが、トリミングには2つの役割があります。

❶ クリップのデュレーション（再生時間）の調整
❷ 不要な部分のカット

タイムラインでのトリミング操作は、2段目のトラックに配置してあるクリップの先端、終端をドラッグして行います。
ここでは、クリップの先頭をトリミングする方法を解説します。

❶トリミングしたいクリップの先頭をクリック

トリミングしたいクリップの左側が緑色に表示される

❷右にドラッグ

クリップがトリミングされる

編集点を操作する

トリミング作業では、クリップのデュレーション調整だけでなく、**編集点の変更**も可能です。この操作は、1段目、2段目どちらのトラックで操作してもかまいません。

❶編集点でクリック

編集点が緑色に表示される

❷左右にドラッグ

編集点の位置が変更される

トリミングできない表示

クリップを配置する際、イン点、アウト点を設定しないでタイムラインに配置すると、クリップの先頭や終端をクリックした際、**赤色に表示**されます。この場合は、トリミングができないことを示しています。

❶クリップの終端をクリック

クリップの右端が
赤く表示される

💡 Hint

クリップの先頭や終端が赤く表示されても、一方向にはトリミング可能です。たとえば、上の画像のように終端が赤い場合は、右方向へのドラッグ（デュレーションを長くする）はできませんが、左方向へのドラッグ（デュレーションを短くする）は可能です。

トリムウィンドウでトリミングする

　タイムラインでクリップの先頭や終端をクリックしてトリミングモードに切り替わると、ビューアに**トリムウィンドウ**が表示されます。ここでは、通常のトリミングのほか、1フレーム単位でのトリミングが可能です。

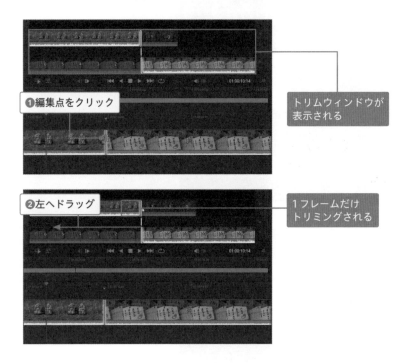

❶編集点をクリック

トリムウィンドウが
表示される

❷左へドラッグ

1フレームだけ
トリミングされる

Chapter

3

「カット」ページで
編集から公開まで
行う

01

トランジションで場面転換を効果的に活用する

■トランジション

タイムラインに複数のクリップが配置されている場合、クリップは左から順番に再生され、1つのクリップの再生が終わると、そのまま続けて次のクリップが再生されます。このクリップの切り替わりのことを「場面転換」といいます。場面転換にとくに違和感がなければ問題ありませんが、違和感がある場合は、それを和らげる「トランジション」を利用すると効果的です。

トランジションの効果的な使い方

トランジションは場面転換に利用する特殊効果ですが、どのような効果なのか、誌面上で再現してみましょう。これはディゾルブと呼ばれる効果で、前の映像が徐々に消えながら，次の映像が徐々に現れてくる、とてもオーソドックスなトランジションです。

撮影した時間や場所が切り替わる箇所でトランジションを利用すると、「時間が経過した」「場所が変わった」ということを視聴者に伝えることができます。

次のような場合にトランジションを利用します。

- **前のクリップと後のクリップで時間が異なる**
  （例）前のクリップは午前中、後のクリップは午後

- **前のクリップと後のクリップで場所が異なる**
  （例）前のクリップは屋内、後のクリップは屋外

　このような場面でトランジションを利用すると、場面が切り替わったことが自然に伝わり効果的です。

■ こんな時は利用しない

　トランジションは、とてもインパクトのある効果です。それだけに、使いすぎると逆効果になり、うるさい効果、過剰な演出と感じられてしまいます。TPOで使い分けることが重要です。先ほどの解説でいえば、次のような場面には利用しない方がよいです。

- 前のクリップと後のクリップで時間がほとんど同じ
- 前のクリップと後のクリップで場所が同じ

　このような場面転換の場合、トランジションを利用した理由が伝わらず、視聴者に違和感を与えてしまう場合があります。

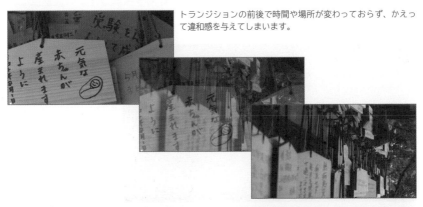

トランジションの前後で時間や場所が変わっておらず、かえって違和感を与えてしまいます。

時間、場所が同じで、さらに絵柄も似ているので、トランジションを利用しない方がスッキリと場面転換できます。

Section

02

他のトランジションを
設定・変更したい

■トランジション

トランジションは、クリップとクリップが接合している「編集点」に設定します。トランジション
を適用するには、「トランジション」パネルを表示し、ここから選択します。トランジションパネル
には多くのトランジションが登録されており、名前の上をマウスで左右にドラッグすると、どのよ
うな効果なのかアニメーションで確認できます。

「トランジションパネル」から選択して適用する

トランジションを適用するには、トランジションパネルを表示して、利用したい
トランジション名を**ダブルクリック**するか、ここからタイムラインの**編集点にド
ラッグ&ドロップ**して適用します。

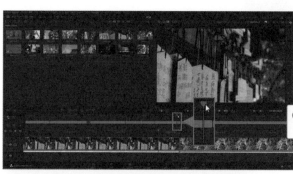

❶編集点か編集点近くに
再生ヘッドを合わせる

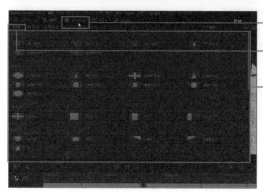

❷「トランジション」をクリック

❸「ビデオ」をクリック

トランジション一覧が
表示される

❹トランジションの名前の上を
左右にドラッグ

❺効果を確認

❻「ドア」をダブルクリック

トランジション
が設定される

❼ Space キーを押して
再生し、効果を確認

■ 既存のトランジションと交換する

すでに設定してあるトランジションを**別のトランジションに変更**したい場合は、新しいトランジションを既存のトランジションの上にドラッグ＆ドロップするか、再生ヘッドをトランジション近くに配置し、利用したいトランジションをダブルクリックすると、新しいトランジションに変更されます。

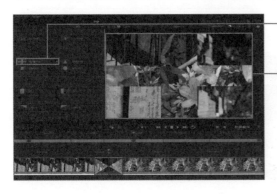

❶別のトランジション
をダブルクリック

別のトランジションに
変更される

Section

03

定番のトランジション 「ディゾルブ」を設定したい

■ディゾルブ

リードツールバーには、使用頻度の高い「ディゾルブ」「スムースカット」の2種類のトランジション用のアイコンが備えられています。これを使ってトランジションを設定する場合、設定したい編集点を再生ヘッドによって指定します。状態のタイムラインでざくりと接合場所を決め、2段目で接合場所のクリップを確認します。

「ディゾルブ」アイコンで設定する

　「カット」ページには、**ディゾルブ**と**スムースカット**という2種類のトランジションを設定するアイコンと、トランジションを削除する**カット**(P.106)というアイコンが、メディアプールの下部にあるツールバーに備えられています。これら3個のアイコンにより、トランジションの設定がスピーディに行えるようになっています。

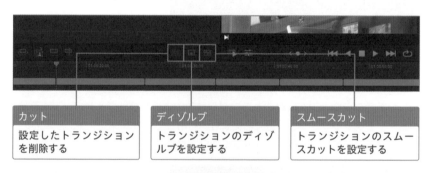

カット	ディゾルブ	スムースカット
設定したトランジションを削除する	トランジションのディゾルブを設定する	トランジションのスムースカットを設定する

　では、実際にトランジションを設定する手順を見てみましょう。

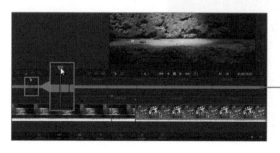

❶再生ヘッドを左右にドラッグして、編集点付近に移動

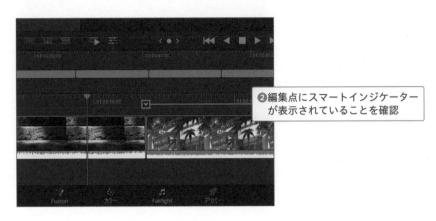

❷編集点にスマートインジケーター
が表示されていることを確認

Chapter **3**

　トランジションは、再生ヘッドが編集点上になくても、スマートインジケーター位置の編集点に設定されます。なお、スマートインジケーターは、再生ヘッドに最も近い編集点が選択されています。

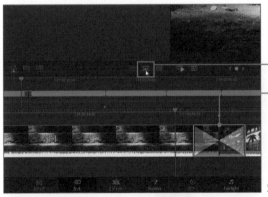

❸「ディゾルブ」をクリック

トランジションが設定される

トランジションは、1段目と2段目、
双方のトラックに設定・表示されます。

❹トランジションが設定されている
範囲で、再生ヘッドをドラッグ

❺トランジションの様子を
確認

Section

04 不要になったトランジションを削除したい

■カット

トラックに配置したクリップにトランジションを適用したものの、再生してみたらやはり不要だと感じたら、設定したトランジションを削除しましょう。「カット」ページでのトランジションの削除も、設定同様にアイコンが用意されているので、これをクリックするだけで削除できます。

「カット」アイコンでトランジションを削除する

　トラックに設定したトランジションを削除する場合は、再生ヘッドを削除したいトランジション上か、あるいはその近くに配置し、**「カット」アイコン**をクリックします。このとき、再生ヘッドは必ずしも削除したいトランジションに合わせる必要はありません。再生ヘッドに最も近いトランジションが削除されます。

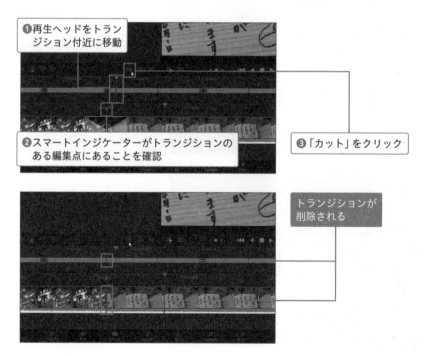

❶再生ヘッドをトランジション付近に移動

❷スマートインジケーターがトランジションのある編集点にあることを確認

❸「カット」をクリック

トランジションが削除される

Section

05 動画のオープニングとエンディングを効果的に演出したい

■ディゾルブ

ディゾルブはクリップとクリップが切り替わるときの場面転換に利用するトランジションの効果です。しかし、これをプロジェクトの先頭と終端に設定すると、先頭に設定した場合は「フェードイン」、終端に設定した場合は「フェードアウト」となり、作品のスタートとエンドの雰囲気を演出することができます。

Chapter **3**

フェードイン、フェードアウトを設定

　フェードインというのは、動画の再生が始まるとき、黒い背景から映像が徐々に表示される効果、そして、フェードアウトは、映像が徐々に黒い背景に消えていく効果です。どちらも動画のオープニング、エンディングには最適な演出をしてくれます。この設定はとても簡単で、プロジェクトの先頭と終端に、デフォルトのトランジションであるディゾルブを設定するだけです。

■ フェードインを設定

❶プロジェクトの先頭にディゾルブを設定

映像が徐々に明るくなる「フェードイン」が設定されます。

■ フェードアウトを設定

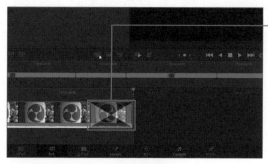

❶プロジェクトの終端に
ディゾルブを設定

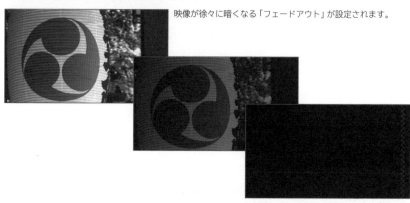

映像が徐々に暗くなる「フェードアウト」が設定されます。

💡 Hint

最後の画像のキザギザは、プロジェクト最後のフレームを示すマークです。

06 BGMの入手先を知りたい

■BGMの入手先　■著作権

BGMなどに利用するオーディオデータの利用で注意しなければならないのは、著作権です。基本的に映像は自分たちで撮影するのであまり問題はありませんが、ネット上で入手したデータを利用する場合は注意が必要です。自分以外の人が作成した映像やオーディオには、すべて著作権があるものとして取り扱ってください。

Chapter **3**

YouTubeで利用できるオーディオデータ

　BGMなどのオーディオデータはどこから入手すればよいのでしょうか？　入手方法として一般的なのは、オーディオデータの配信サイトから入手する方法です。この場合、入手できるデータタイプは、作成する動画に利用できるものと、利用できないものの2種類があります。

　オーディオデータの場合、歌手やグループなどのアーティストが配信している楽曲などは、ほとんどが動画に利用できないと考えてください。これは**著作権**に関わるもので、楽曲の多くは動画などでの利用を許可していません。それに対して、**著作権フリー**のデータを配布しているサイトから入手したものは、自分の動画に利用できます。といっても、これらも完全に著作権を放棄しているわけではありません。ほとんどの場合、利用規約が設定されており、それにしたがって利用しなければなりません。利用可能なオーディオデータには有料と無料がありますが、どちらの場合でも利用規約は設定されています。

　ダウンロードサイトは、Googleで「音楽　フリー　素材」などとキーワードを入力すれば、多くのサイトがヒットします。これらのサイトにアクセスし、好みの曲を見つけて利用してください。ただし、利用方法はそれぞれのサイトでの利用規定にしたがってください。

キーワードを入力して検索します。

フリー素材サイトを利用する

■ フリーBGM素材「甘茶の音楽工房」

アコースティックからエレクトロまで、バラエティある音楽素材を配布している
サイトです。YouTubeだけでなく、Webサイトやゲーム、イベントなどさまざ
まなシチュエーションで利用されています。データはすべて無料で、商用・非商用
問わず利用可能です。

URL：https://amachamusic.chagasi.com/

■ 本書のサンプルデータを提供していただいた「魔王魂」

魔王魂は、アーティストの森田交一氏が作曲したデータを、無料で配信している
サイトです。本書のサンプル（P.287）として提供しているBGM用のオーディオ
データも、教育用に利用するなら二次使用の素材としての配布をしてもよいという
許可を得て提供させていただきました。

なお、提供させていただいたサンプルデータは自由に利用できますが、著作権は
森田交一氏に帰属します。

URL：https://maou.audio/

BGMを自分で作曲するサービスを利用する

　ダウンロードサイトで自分のイメージに合う曲が見つからない場合は、次のようなサイトを利用して、自分で**著作権フリーの音楽を作曲**してみるのはいかがでしょうか。1から作曲するのは大変ですが、AIが生成したフレーズを選択し、構成や楽器、テンポなど選べばイメージ通りの曲が作れます。

■ 映像クリエイター御用達「SOUNDRAW」

　AIが生み出したフレーズを組み合わせ、自分だけのオリジナルなBGMなどが作成できる作曲サイトです。YouTubeはもちろん、放送や映画、Web広告、企業VP動画などさまざまなジャンルで利用されています。

　ライセンス料金は必要ですが、BGM探しはとても大変なので、こうした新しいサービスを利用するのも1つの方法です。

URL：https://soundraw.io/ja

YouTubeのオーディオライブラリを利用する

　あれこれサイトを見つけ、曲を選ぶのが面倒という場合は、YouTubeのオーディオライブラリの利用がおすすめです。自分のチャンネルに入ると、左のメニューから「オーディオライブラリ」が選択できます。ここでは、YouTubeでの収益化に利用する動画も含めて、どのような動画にも利用できる音楽データが無料で利用できます。音楽のほか効果音もあるので、ワンランク上の作品を作りたいときにはぜひ利用してみてください。ただし、データによってはクリエイティブ・コモンズライセンスの表示が必要な場合もあるので、利用規約をよく確認してください。

　ダウンロードは、「ライセンス」のYouTubeマークにマウスを合わせると、ライセンス表示と共に右側に「ダウンロード」と表示されるので、これをクリックしてください。

ダウンロードしたい
曲を選んでクリック

Section

07 オーディオデータを読み込んで BGMを動画に設定したい

■ メディアの読み込み

動画を作成する場合、映像の内容ももちろん重要ですが、BGMも重要な要素です。ある意味では、映像にどのようなBGMを利用するかによって、その動画のイメージが決まるといっても過言ではありません。BGMなどのオーディオデータは、タイムラインのオーディオ用トラックに配置します。

オーディオデータの読み込みと配置

パソコン上に保存されているオーディオデータは、動画素材と同じように**メディアプールに読み込んで**、タイムラインのオーディオトラックに配置します。なお、初期状態ではオーディオトラックはタイムラインにありませんが、BGMなどのオーディオデータをトラックに配置する際、**自動的に作成**されます。

ここでは、メディアプールに読み込んだBGMデータをタイムラインに配置する手順を解説します。

❶「メディアプール」をクリック

❷「メディアの読み込み」をクリック

読み込んだオーディオデータ

オーディオデータを動画データと同じビン内に読み込んでもかまいませんが、動画素材のデータが多い場合は別途オーディオ用のビンを作成して管理するとよいでしょう。

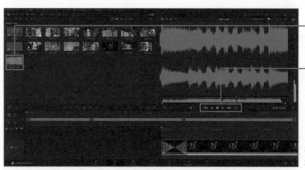

❸オーディオデータを
ダブルクリック

❹ビューアで再生して
内容を試聴

コントローラーの再生ボタン
をクリックすると、オーディ
オの内容を試聴できます。

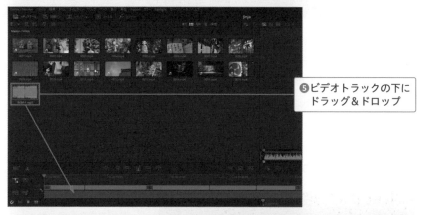

❺ビデオトラックの下に
ドラッグ＆ドロップ

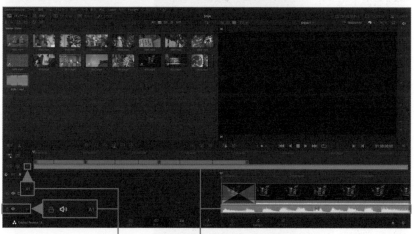

トラックが自動的に作成される　　配置されたオーディオデータ

Chapter **3**

Section

08

動画に合わせて
BGMを編集したい

■トリミング

トラックに配置したオーディオデータは、トラックに配置した動画素材と全体の長さ（デュレーション）が一致していないのが普通です。したがって、トラックに配置したオーディオをトリミングし、必要なデュレーションに調整する必要があります。オーディオデータのトリミング方法は、基本的には動画データの場合と同じです。

オーディオデータをトリミングする

　タイムラインのオーディオトラックに配置した素材の**デュレーション**を調整します。デュレーションの調整方法は動画データのトリミングと同様に、オーディオクリップの先端や終端をドラッグして調整するか、**分割して不要な部分をカット**します。

■ 先端・終端をドラッグしてトリミングする

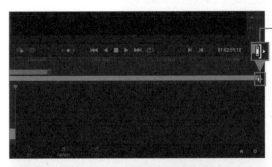

❶オーディオクリップの終端にマウスを合わせる

❷動画の終端と同じ位置までドラッグ

トリミング状態が表示される

■ 分割してトリミングする

　ドラッグによるトリミングではなく、分割によってトリミングすることも可能です。分割後、Delete キーで不要な部分を削除します。

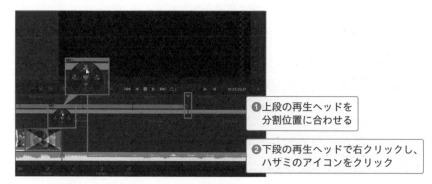

❶上段の再生ヘッドを
分割位置に合わせる

❷下段の再生ヘッドで右クリックし、
ハサミのアイコンをクリック

　下段の再生ヘッド位置をドラッグすると、クリップ側が左右に移動します。最初からこの操作で、分割位置に合わせてもかまいません。

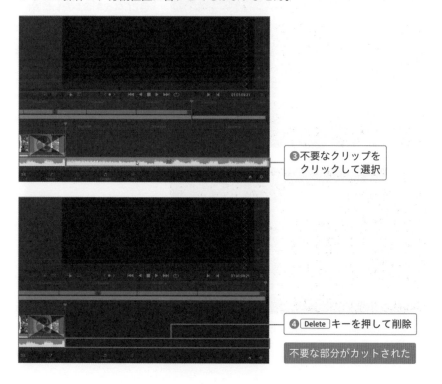

❸不要なクリップを
クリックして選択

❹ Delete キーを押して削除

不要な部分がカットされた

■ トリミングして必要な部分だけを配置する

　オーディオデータも、ビューア画面で利用したい範囲をイン点、アウト点で指定
し、タイムラインに配置することができます。このとき、**最上位トラックに配置**を
利用すると、再生ヘッドのある位置に配置できます。

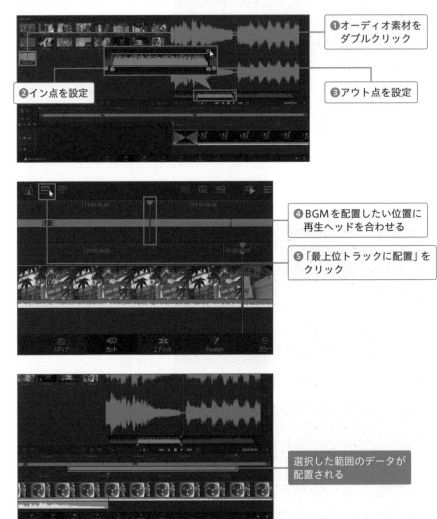

❶オーディオ素材を
ダブルクリック

❷イン点を設定

❸アウト点を設定

❹BGMを配置したい位置に
再生ヘッドを合わせる

❺「最上位トラックに配置」を
クリック

選択した範囲のデータが
配置される

Section
09
オーディオデータの
音量を調整したい

■ツール

オーディオデータの音量調整は、ボリュームのスライダーをドラッグして行います。このスライダーは、ビューアパネルの下部にある「ツール」のアイコンをクリックすると表示されます。なお、音量はトラックに表示されたオーディオ波形の表示を視認（見て確認）しながら調整します。

Chapter **3**

BGMの音量を調整する

　一般的に、読み込んだままのオーディオデータの音量は大きいので、BGMとして利用する場合には音量調整が必要になります。「カット」ページでの音量調整は、**ツール**にある**ボリュームのスライダー**を利用します。この場合、音量調整したいクリップを選択しておく必要があります。

❶BGM用のオーディオデータを
　クリック

❷「ツール」をクリック

❸ボリュームのスライダーを
　左にドラッグ

スライダーを左にドラッグすると音量が小さくなり、右にドラッグすると大きくなります。

オーディの波形が小さくなる

■ フェードイン、フェードアウトを設定する

　オーディオデータをトリミングすると、トリミングによっては突然BGMが鳴り出したり、突然ブチッと切れたりします。そのような違和感を与えるときには、動画素材と同様にフェードイン、フェードアウトを設定します。

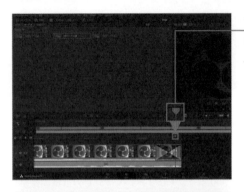

❶再生ヘッドをフェードアウトを設定したい位置付近に合わせる

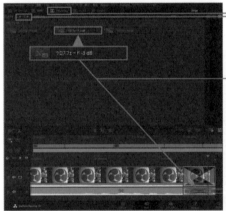

❷「トランジション」をクリック

❸「オーディオ」をクリック

❹「クロスフェード-3dB」をドラッグ＆ドロップ

「クロスフェード＋3dB」や「クロスフェード0dB」では、フェードイン、フェードアウト効果がはっきりしないので、「クロスフェード-3dB」を選択してください。

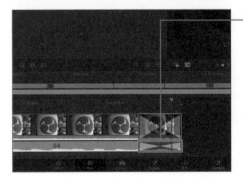

フェードアウトが設定される

💡 Hint

オーディオクリップの先頭にドラッグ＆ドロップすると、フェードインが設定されます。

Section

10

標準テンプレートでテロップや
タイトルを作成したい

■タイトル ■テロップ ■インスペクタ ■フォント ■サイズ ■変形

映像の編集、オーディオの編集が終了したら、タイトル関連の編集を行います。タイトルやテロップなどを入れる作業は、映像とテキストを合成して表示することから、「テロップ入れ」などとも呼ばれます。ここでは、「カット」ページでメインタイトルを作成する方法について解説します。基本的には、テンプレートから選択して、タイムラインに配置して作成します。

Chapter **3**

テンプレートから選択して配置する

　ここでは、動画のメインタイトルを作成する手順を解説します。メインタイトルの作成手順としては、タイトルを表示する位置を決めてから、DaVinci Resolveに標準搭載されている**テンプレート**を利用します。なお、よく利用されるメインタイトル用のテンプレートには**テキスト**と**テキスト＋（プラス）**がありますが、ここではテキストを利用します。テキスト＋についてはP.175で解説します。

🔍 **Glossary**

テロップ
映像と合成して表示するテキスト情報のこと。

テキストを入力し、サイズ、フォント、表示位置を調整した状態のメインタイトル。デザイン等は、これらの作業を行ってから設定します。

■ タイムラインへの配置

　タイトルパネルを表示して、利用したいタイトル用の**テンプレート**を選択します。選択したテンプレートは、表示位置を決めて「最上位トラックに配置」で配置します。

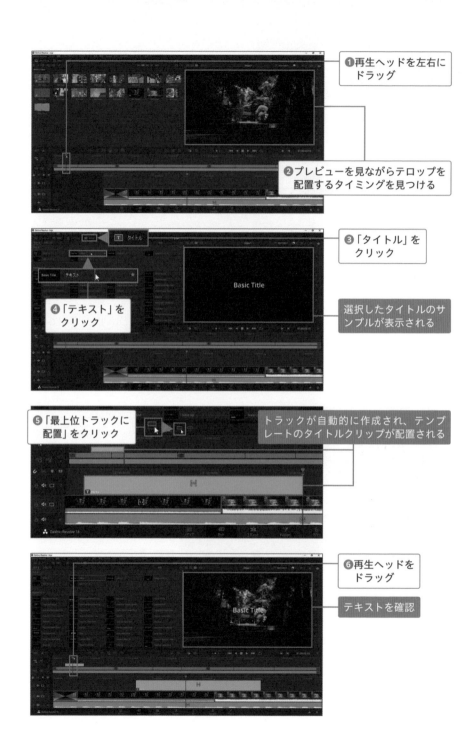

❶再生ヘッドを左右に
ドラッグ

❷プレビューを見ながらテロップを
配置するタイミングを見つける

❸「タイトル」を
クリック

❹「テキスト」を
クリック

選択したタイトルのサ
ンプルが表示される

❺「最上位トラックに
配置」をクリック

トラックが自動的に作成され、テンプ
レートのタイトルクリップが配置される

❻再生ヘッドを
ドラッグ

テキストを確認

■ テキストの入力と、フォント・文字サイズの変更

　クリップが配置できたら、テキストを入力します。**テキストの入力は、インスペクタ**という機能を利用して行います。最初に文字を入力し、**フォントや文字サイズ**を変更してみましょう。

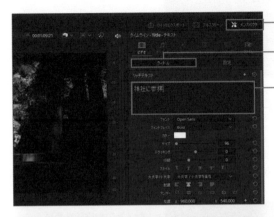

❶「インスペクタ」をクリック

❷「タイトル」をクリック

❸デフォルトの「Basic Title」を削除して、テキストを入力

テキストが表示される

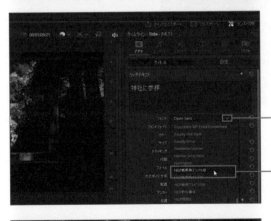

❹「フォント」の右端にある「∨」をクリック

❺フォントを選択

サンプルが表示される

Chapter **3**

❻「サイズ」のスライダーを
ドラッグ

❼サイズを確認

💡 Hint

スライダーの右にあるテキスト
ボックスに数値を入力しても、
サイズを変更できます。

■ テキストの表示位置・サイズの変更

　テキストの表示位置を変更するには、インスペクタの設定パネルを表示し、ここ
にあるオプションの**「変形」**で調整します。「変形」のパラメーターが表示されない
場合は、タイトルの「変形」をクリックしてください。

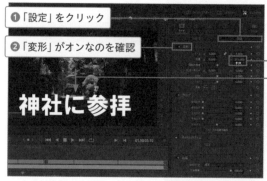

❶「設定」をクリック

❷「変形」がオンなのを確認

❸Y軸の座標値を変更

❹表示位置を確認

オプションがオンの場合、オプション
名の先頭にあるスイッチがON状態に
なります。数値は、数字にマウスを合
わせて左右にドラッグすると変更でき
ます。座標軸は、上下の縦方向はY軸、
左右の横方向はX軸で変更します。

　「変形」にある「ズーム」では、文字サイズも変更できます。オプションでは、同
じ機能をもったパラメーターが混在しているケースが多いので、利用しやすい方法
で調整します。なお、Y座標の前にある鎖アイコンをクリックしてオフにすると、
縦、横の連携が解除され、縦方向、横方向へそれぞれ変形できるようになります。

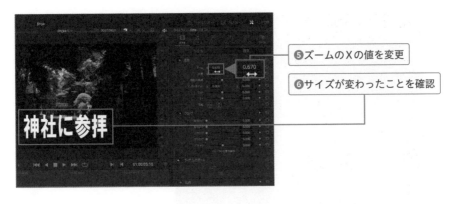

❺ズームのXの値を変更

❻サイズが変わったことを確認

■ デュレーションの変更

　タイムラインに配置されたタイトルクリップは、デフォルトで5秒の**デュレー
ション**があります。デュレーションを変更する場合は、動画のトリミングと同様に、
クリップの先頭や終端をドラッグして調整します。

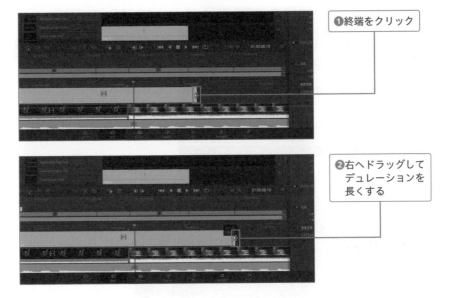

❶終端をクリック

❷右へドラッグして
デュレーションを
長くする

■ サブタイトルの設定

　サブタイトルを設定するには、メインタイトルのときと同様の方法でクリップを
タイムラインに配置します。メインタイトルと同じタイミングで配置したい場合
は、自動的に新しくトラックが追加されてます。

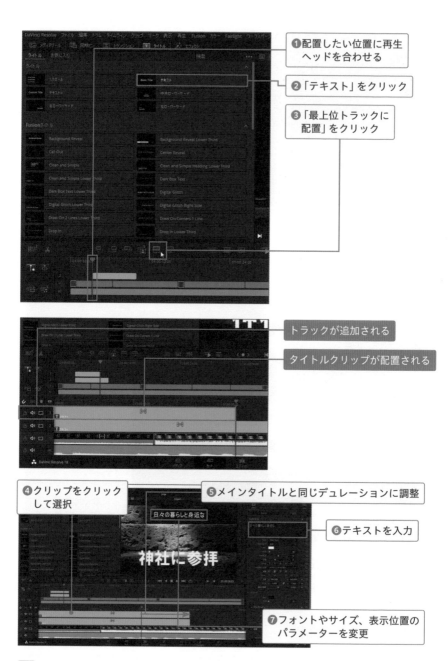

❶配置したい位置に再生ヘッドを合わせる

❷「テキスト」をクリック

❸「最上位トラックに配置」をクリック

トラックが追加される

タイトルクリップが配置される

❹クリップをクリックして選択

❺メインタイトルと同じデュレーションに調整

❻テキストを入力

日々の暮らしと身近な

神社に参拝

❼フォントやサイズ、表示位置のパラメーターを変更

💡 Hint

各パラメーターの変更方法は、メインタイトルのときと同じです。

Section

11

タイトルをインパクトのある
デザインにしたい

●インスペクタ ●カラー ●背景

YouTubeの視聴者の多くは、タイトル文字のデザインなどの印象で動画を再生します。つまり、ぱっと見た瞬間に「面白そうだ」と感じてもらうために、タイトル文字をインパクトあるデザインに設定することが重要です。これはタイトルを設定した画面を動画のサムネイルにする場合は、なおさらです。タイトルに設定したテキストのデザインは、インスペクタで行います。

Chapter **3**

テキストのデザインを設定する

ここでは、メインタイトル用のテキストをインパクトあるデザインに設定する方法について解説します。デザイン設定も、テキストの修正同様に**インスペクタ**で行います。**テキストの色、縁取り**などの基本的な設定のほか、「**座布団**」と呼ばれる背景の設定方法などについても解説します。

テキストに、カラー、ストローク、背景を設定したメインタイトル。YouTubeでよく試聴される動画のポイントは、タイトル文字が大きく読みやすいことです。

■ 文字色を変更する

テキストの色を変更する場合は、インスペクタの「タイトル」にある「**カラー**」で修正します。

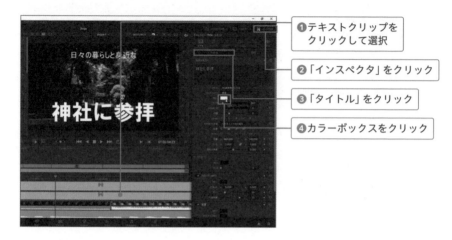

❶テキストクリップを
　クリックして選択

❷「インスペクタ」をクリック

❸「タイトル」をクリック

❹カラーボックスをクリック

Point **カラーボックスのデフォルト色**

カラーボックスは、デフォルト（初期設定）では「白」に設定されています。そのため、タイムラインに配置したテキストは、最初は白色で表示されるのです。

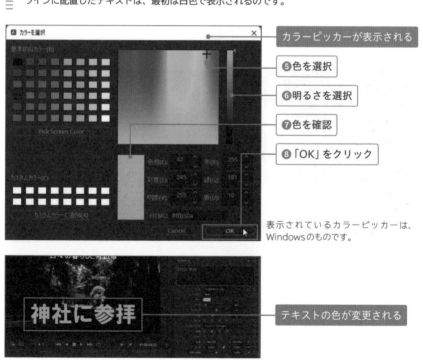

カラーピッカーが表示される

❺色を選択

❻明るさを選択

❼色を確認

❽「OK」をクリック

表示されているカラーピッカーは、
Windowsのものです。

テキストの色が変更される

126

■ 縁取り (ストローク) を設定する

テキストに**縁取り**をすると、さらに**目立たせる**ことができます。なお、テキストの縁取りは、**ストローク**と呼ばれます。

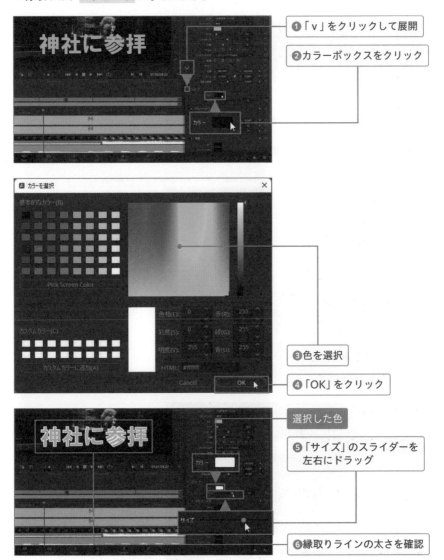

❶「v」をクリックして展開

❷カラーボックスをクリック

❸色を選択

❹「OK」をクリック

選択した色

❺「サイズ」のスライダーを
左右にドラッグ

❻縁取りラインの太さを確認

▣ 背景を設定する

　「背景」を利用すると、テキストの背景に四角形や角丸の四角形などを配置することができます。動画編集ではこれを「座布団」と呼んでいます。

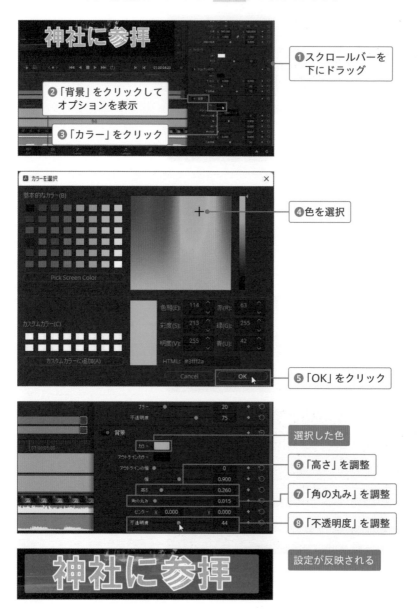

❶ スクロールバーを下にドラッグ

❷「背景」をクリックしてオプションを表示

❸「カラー」をクリック

❹ 色を選択

❺「OK」をクリック

選択した色

❻「高さ」を調整

❼「角の丸み」を調整

❽「不透明度」を調整

設定が反映される

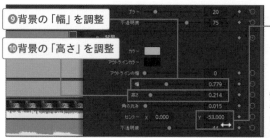

⑨背景の「幅」を調整

⑩背景の「高さ」を調整

⑪背景のセンターの「Y」を調整

背景がテキストの真後ろではなく、やや下側にずれた状態で表示されるようにオプションのパラメーターを調整します。

■ サブタイトルをデザインする

メインタイトルと同様の方法で、サブタイトルもインスペクタで調整を行います。ここでは、ストロークを利用して縁取りだけ設定しています。

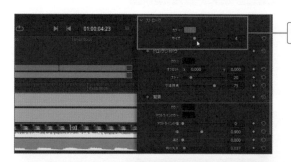

❶インスペクタで設定

設定が反映されたサブテキスト

■ トランジションを設定する

　メインタイトルを再生して唐突に表示されるように感じたら、**テキストクリップ**
にトランジションを設定します。このとき、ツールバーの「ディゾルブ」アイコン
は利用しません。これをクリックすると、テキストクリップではなく動画クリップ
にトランジションが設定されてしまいます。

❶「トランジション」を
　クリック

❷「クロスディゾルブ」
　を選択

❸テキストクリップの頭
　にドラッグ＆ドロップ

トランジションは、必ずド
ラッグ＆ドロップで設定しま
す。

❹それぞれにトラン
　ジションを設定

作成したタイトルがクロスゾルディブで表示されます。

Section

12

YouTubeに
アップロードしたい

■クイックエクスポート

編集を終えたプロジェクトを出力し、YouTubeにアップロード＆公開してみましょう。動画の出力やSNSへのアップロード機能は「デリバー」ページに搭載されていますが、「カット」ページからもダイレクトにアップロードできます。なお、YouTubeなどへアップロードする場合、事前にユーザーIDとパスワードなどアカウントを取得しておく必要があります。

YouTubeにアップロードして公開する

「カット」ページでは、編集を終えたプロジェクトを**YouTube**などの**SNS**に**ダイレクトにアップロード**し、そのまま公開できます。一度動画ファイルを出力し、そのファイルを選択してアップロードする必要はありません。

❶「クイックエクスポート」を
クリック

❷「YouTube」をクリック

❸「アカウント管理」を
クリック

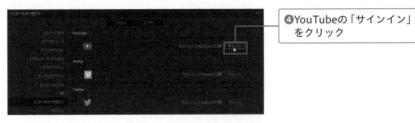

④YouTubeの「サインイン」
をクリック

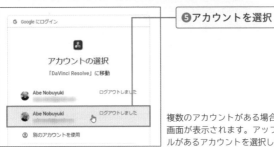

⑤アカウントを選択

複数のアカウントがある場合、画面のようにアカウントの選択
画面が表示されます。アップロードしたいYouTubeチャンネ
ルがあるアカウントを選択します。

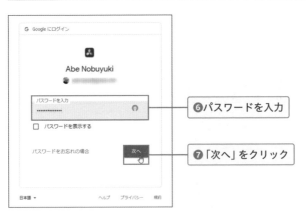

⑥パスワードを入力

⑦「次へ」をクリック

⑧チャンネルがある場合は、チャンネルを選択

⑨「許可」をクリック

ここでは、DaVinci ResolveがYouTubeへGoogleアカウントでアクセスすることを許可するかどうかを選択します。必ず「許可」を選択してください。

アップロードが可能になる

DaVinci Resolveからのアップロードが可能になると、この画面が表示されます。

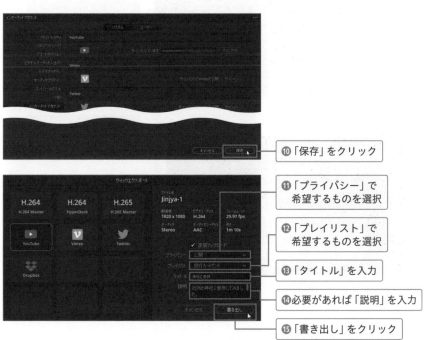

⑩「保存」をクリック

⑪「プライバシー」で
希望するものを選択

⑫「プレイリスト」で
希望するものを選択

⑬「タイトル」を入力

⑭必要があれば「説明」を入力

⑮「書き出し」をクリック

⑯一時ファイルの保存場所を
選択

⑰「保存」をクリック

レンダリングが開始される

Glossary

レンダリング
プロジェクトから動画ファイル
を出力する処理のこと。

続いてアップロードが
開始される

YouTubeで公開される

Chapter **4**

「エディット」ページ
で動画を作り込む

Section

01

「エディット」ページの 機能を知りたい

■「エディット」ページ

「カット」ページがスピーディに動画作品を制作してアップするページなら、「エディット」ページはじっくりと作品を作り込む、カット編集のメインのページといえるでしょう。それだけに機能は豊富ですが、本書ではその片隅にちょっと触れて、どのような機能をもっているのかを知ってもらいたいと思います。

カット編集のためのページ

　「エディット」ページの構成は基本的には「カット」ページと同じですが、大きく異なるのが2つのビューアを備えている点です。

　「エディット」ページでは、素材データをタイムラインに配置し、再生順やクリップのトリミングなどによって、必要な映像だけで動画のストーリーを組み上げる作業を行います。これを**カット編集**といいます。

　さらに、カット編集に加えて、場面転換用のトランジションの設定、エフェクトにより映像を演出する設定なども行えます。編集画面は、以下のような構成となっています。

❶ インターフェイスツールバー(左)

　メディアプール、エフェクト、サウンドライブラリーなど、素材管理やエフェク

ト設定に必要な各種パネルを表示するアイコンを備えている。

❷インターフェイスツールバー（右）

ミキサー、メタデータ、インスペクタなどのパネルを表示するアイコンを備えている。とくに、インスペクタは最も利用するパネル。

❸メディアプール

タイムラインで利用する編集素材を整理、管理するパネル。

❹ソースビューア

メディアプールにある素材のプレビュー、イン点、アウト点設定によるトリミングなどが行える。

❺タイムラインビューア

タイムラインにある再生ヘッド位置のフレーム映像を表示する。なお、タイムラインビューアでもクリップのプレビュー、イン点、アウト点の設定は可能。

❻トランスポートコントロール

ビューアでの再生、停止などをコントロールする。

❼タイムラインツール

タイムラインを操作するためのアイコンが表示されている。

❽タイムライン

ビデオクリップやオーディオクリップを配置して、編集を行うパネル。動画はタイムラインの左から右へ再生される。

❾ページ選択セレクション

編集ページを切り替える。

Column　「エディット」ページには、素材の読み込みアイコンがない

プロジェクトを新規に設定して「エディット」ページを表示すると、素材を表示するためのメディアプールはありますが、そこに素材を読み込むためのアイコンなどはありません。「エディット」ページで素材を編集するには、最初に「メディア」ページで素材を読み込む必要があります。ただし、「カット」ページから編集を引き継いだ場合は、「カット」ページで読み込んだ素材がメディアプールに表示されるので、そのまま利用できます。

Section

02 「カット」ページで読み込んだ素材を引き継ぎたい

■カット→エディット

「エディット」ページにはメディアプールが表示されていますが、ここで素材データを読み込むことはできません。「エディット」ページで編集する素材は、「メディア」ページで読み込む必要があるのです。しかし、「カット」ページで素材を取り込んで編集し、そのまま「エディット」ページに切り替えると、「カット」ページで読み込んだ素材を「エディット」ページでも利用して編集できます。

「エディット」ページに切り替えるだけ

「カット」ページで編集したプロジェクトを「エディット」ページで引き続き利用して編集するには、ページ選択セレクションで「カット」をクリックするだけです。これで「カット」ページで編集していた状態のまま、「エディット」ページでの編集が可能になります。

「カット」ページで
編集している状態

❶「エディット」をクリック

「エディット」ページ
で編集を継続

Section

03 パネルの表示方法を変更 して効率よく作業したい

■インターフェイスツールバー（左）

「エディット」ページで効率よく編集を行うポイントは、メディアプールやエフェクト、サウンドライブラリーなどインターフェイスツールバー（左）に登録されているパネルを要領よく表示することです。たとえば、メディアプールを表示したままタイムラインパネルをできるだけ幅広く表示することで、素材の配置とカット編集が効率よく行えます。

「縮小／拡大」アイコンがポイント

Chapter

4

　デフォルト状態では、たとえばメディアプールパネルを表示すると、編集画面の左側を上から下まで占有します。パネルを表示していない状態ではタイムラインパネルが左右一杯に表示されるので、できればこの状態でメディアプールを表示したいこともあります。

パネルを表示していない編集画面

　パネルを表示していないときは、編集画面の左右一杯にタイムラインパネルが表示されます。

メディアプールパネルがオン

　メディアパネルを表示すると、タイムラインパネルの表示幅が狭くなり、編集しにくくなります。

■「縮小／拡大」アイコン

　そこで、メディアプールが表示されている状態でインターフェイスツールバーの左端にある「縮小／拡大」アイコンをクリックすると、メディアプールの縦幅が半分になります。これはエフェクトパネルに対しても同じに動作します。なお、メディアプールとエフェクトの両パネルを同時に表示すると、それぞれ半分のサイズで表示されますが、それと同じサイズです。

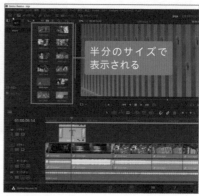

「縮小」をクリックすると、パネルの表示が半分のサイズに変更されます。

　２つのパネルを同時に表示させる場合は、「縮小／拡大」に関係なく、それぞれ半分のサイズで表示されます。なお、パネルを３個表示させることはできません。

２つのパネルを表示させると、それぞれ半分のサイズで縦に表示されます。

Section

04

「メディア」ページで素材を
プロジェクトに読み込みたい

■「メディア」ページ

新規プロジェクトを作成して「エディット」ページを表示しても、ここでは素材を読み込めません。素材の読み込みは「メディア」ページで行います。なお、動画ファイルのように素材の数が多い場合は、ファイル単位ではなく、フォルダー単位で読み込むことをおすすめします。フォルダー単位の方が管理しやすくなりますし、編集作業も煩雑にならずに済みます。

「メディア」ページで読み込む

　ここでは、新規にプロジェクトを設定し、設定したプロジェクトで利用する動画素材を読み込む手順を解説します。

■「メディア」ページを表示する

　最初に、DaVinci Resolveを起動して新規にプロジェクトを設定します。プロジェクトを設定したら、「メディア」ページを表示します。

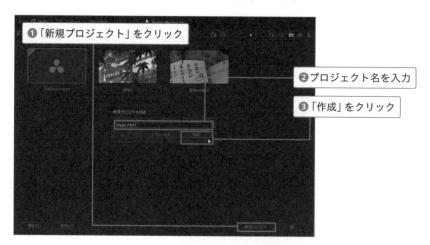

❶「新規プロジェクト」をクリック

❷プロジェクト名を入力

❸「作成」をクリック

　P.53で解説しているように、プロジェクトの設定時にフレームレートなどを設定しますが、ここでの操作のように詳細設定をせずに新規にプロジェクト設定してもかまいません。この場合、後からプロジェクト設定を行います。

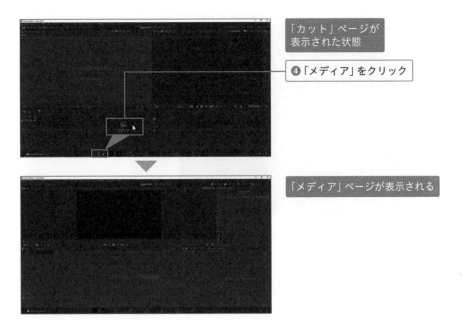

「カット」ページが
表示された状態

❹「メディア」をクリック

「メディア」ページが表示される

■ 動画素材をファイル単位で読み込む

　「メディア」ページを表示したら、「メディアストレージ」パネルを表示して、利用したい素材データが保存されているフォルダーを表示します。ここから、動画素材を読み込みます。最初に、ファイル単位での読み込みを行ってみましょう。

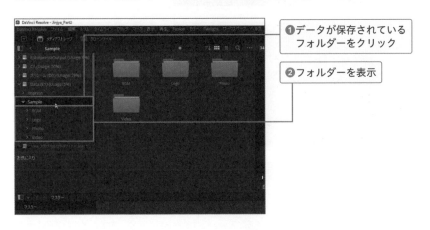

❶データが保存されている
フォルダーをクリック

❷フォルダーを表示

　ここでは、「Video」というフォルダーに、動画データが保存されているという状態で操作しています。

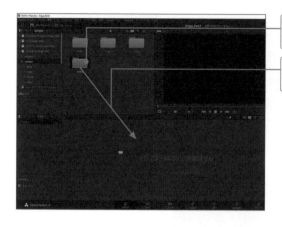

❸動画素材が保存されているフォルダーを選択

❹フォルダーをメディアプールにドラッグ＆ドロップ

　このプロジェクトでは、まだプロジェクト設定を行っていません。そのため、次のダイアログボックスが表示された場合は「変更」をクリックします。これにより、プロジェクトの設定が読み込む動画データのファイル形式に合わせた設定に変更されます。

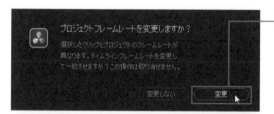

❺「変更」をクリック

フォルダー内の動画ファイルが読み込まれている

Column ｜ 素材を「マスター」に配置するとファイル管理が煩雑になる

以上のように動画データを読み込むと、「マスター」という階層にファイルが展開されて配置されます。動画ファイルだけならよいのですが、このほかにさまざまなタイプのデータを読み込む場合、動画ファイルと一緒になってしまい、後々整理を行う手間が発生します。そのような手間を省くには、右ページのようにフォルダーごとビンとして読み込むのがおすすめです。

■ 動画素材をフォルダー単位で読み込む

　動画データをファイルではなく、フォルダーごと読み込んでみましょう。こちらの方が、後からの素材管理が楽です。

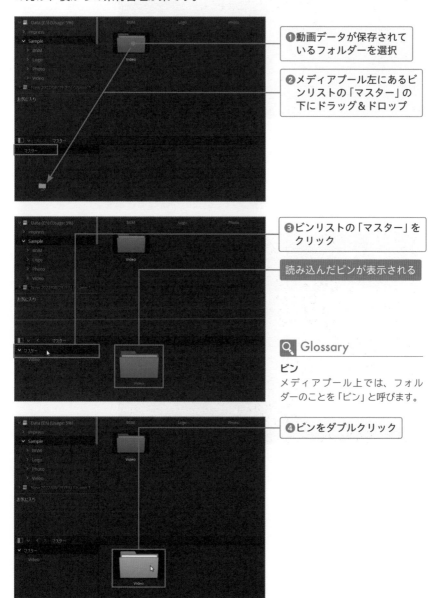

❶動画データが保存されているフォルダーを選択

❷メディアプール左にあるビンリストの「マスター」の下にドラッグ＆ドロップ

❸ビンリストの「マスター」をクリック

読み込んだビンが表示される

🔍 Glossary

ビン
メディアプール上では、フォルダーのことを「ビン」と呼びます。

❹ビンをダブルクリック

Chapter **4**

ビン内のファイルが表示される

■「エディット」ページで読み込んだ素材を確認する

ページ選択で「エディット」をクリックして「エディット」ページに切り替えると、メディアプールに素材が読み込まれているのが確認できます。

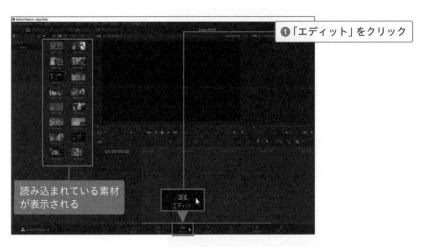

❶「エディット」をクリック

読み込まれている素材
が表示される

Section

05 素材のサムネイル表示を 見やすく調整したい

■サムネイルの表示変更

メディアプールに読み込んだ動画素材はサムネイルで表示されます。このサムネイルサイズは自由に調整できますし、表示形式も利用しやすいように変更できます。基本的な操作はP.57で解説した「カット」ページでの操作と同じです。

サムネイルを利用しやすい表示に変更する

メディアプールのサムネイルの表示方法を変更してみましょう。利用しやすいタイプを選択してください。

■ 表示領域のサイズ調整

メディアプールの表示サイズを右側に広げてみましょう。

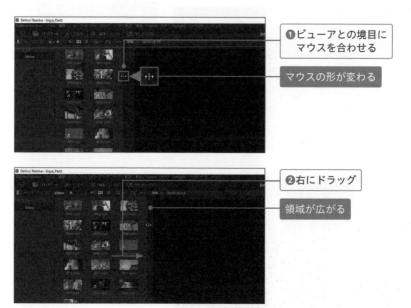

❶ビューアとの境目に
マウスを合わせる

マウスの形が変わる

❷右にドラッグ

領域が広がる

領域を広げる場合は、ビューアとのサイズを考えながら調整してください。

■ サムネイルのズーム操作

サムネイルのサイズは、ズームスライダーを左右にドラッグして行います。

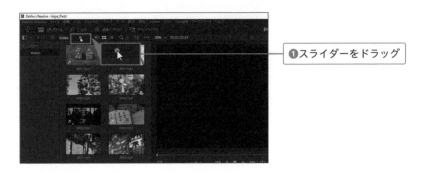

❶スライダーをドラッグ

■ 表示形式の変更

サムネイルの表示形式は、デフォルトでサムネイルビューですが、メタデータ
ビューやリストビューなどにも変更できます。

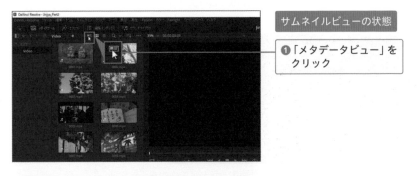

サムネイルビューの状態

❶「メタデータビュー」を
クリック

メタデータビューで表示される

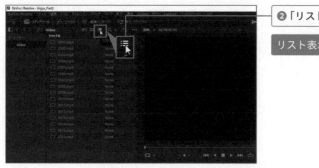

❷「リストビュー」をクリック

リスト表示される

■ サムネイルの並べ替え

　サムネイルの並べ替えは、**並べ替え**をクリックすると表示されるプルダウンメニューから選択してください。

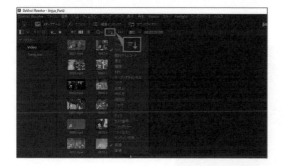

Chapter **4**

149

Section

06

クリップをメディアプールから タイムラインに配置したい

■新規タイムライン　■クリップを挿入

メディアプールに読み込んだ素材を、タイムラインに配置してみましょう。配置方法も複数あり、正しい方法というものはありません。自分で操作してみて、利用しやすい方法を使ってください。ここでは、上書きしないように配置したり、ザックリとトリミングしながら配置したりするなど、主なタイムラインへの配置方法を解説します。

ドラッグ＆ドロップで配置

　メディアプールからタイムラインパネルへ動画を配置する方法で最も簡単なのが、ドラッグ＆ドロップによる配置です。この場合、新規タイムラインでトラックを準備していなくても配置できます。

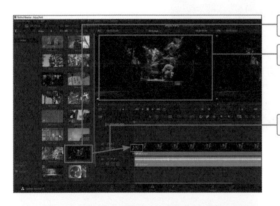

❶サムネイルをダブルクリック

❷内容を確認

❸ドラッグ＆ドロップ

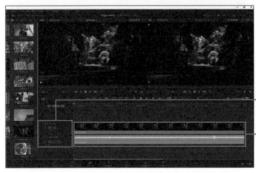

ビデオトラックとオーディオトラックが自動作成される

クリップが配置される

配置ツールを利用して配置

　ソースビューアでクリップの使用する範囲をイン点、アウト点で指定し、配置アイコンを利用してトラックに配置してみましょう。この場合、最初に**新規タイムライン**を実行してから配置します。

■ 新規タイムラインの実行

　メニューバーから、「ファイル」→「新規タイムライン…」を選択し、タイムラインパネルにタイムラインを設定します。

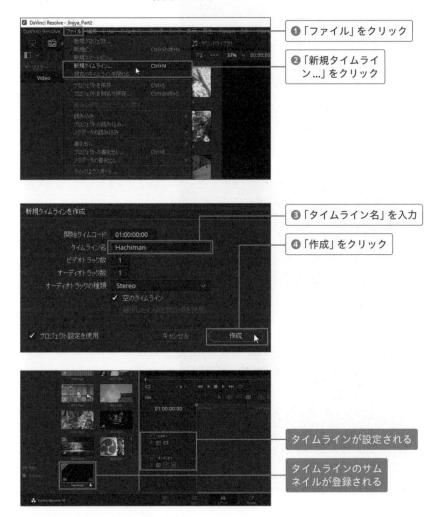

❶「ファイル」をクリック

❷「新規タイムライン…」をクリック

❸「タイムライン名」を入力

❹「作成」をクリック

タイムラインが設定される

タイムラインのサムネイルが登録される

■ イン点、アウト点を設定する

　メディアプールからクリップを選択し、ソースビューアでイン点、アウト点を設定して、使用する範囲を決めます。

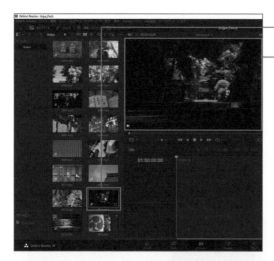

❶クリップをダブルクリック

❷内容を確認

❸Ⅰキーを押してイン点を設定

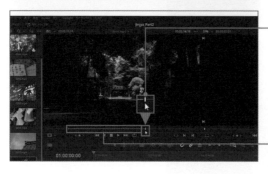

❹Ｏキーを押してアウト点を設定

指定した必要範囲のラインが明るく表示される

■ 選択範囲を配置する

イン点、アウト点で範囲設定ができたら、**タイムラインツール**にある「クリップ
を挿入」アイコンをクリックして、タイムラインに配置します。この場合、クリッ
プは再生ヘッドのある位置に追加されます。

❶「クリップを挿入」をクリック

選択範囲が配置される

ShortCut

クリップを挿入：
`F9`（Win、Mac共通）

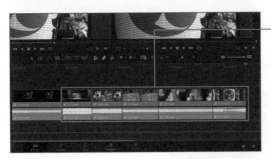

❷操作を繰り返して、
　複数のクリップを配置

Hint

再生ヘッドがクリップの最後にあ
れば、順次その位置にクリップが
配置されます。

Chapter **4**

Section

07

クリップを間に挿入したり
既存のものと置き換えたりしたい

■クリップを挿入　■クリップを置き換え　■クリップを上書き

タイムラインへのクリップの配置は、前節の「クリップを挿入」で先頭から順番に行うのが基本ですが、クリップとクリップの間に別のクリップを挿入するのにも「クリップを挿入」を使用します。また、配置したクリップを別のクリップと置き換えるには、「クリップを置き換え」を利用します。なお、使用頻度は高くありませんが、「クリップを上書き」も備えています。

クリップを挿入する

　ソースビューアで範囲指定したクリップを、タイムライン上のクリップとクリップの間に挿入するには、**クリップを挿入**を使用します。このとき、再生ヘッドをクリップとクリップの編集点にピタリと合わせてください。

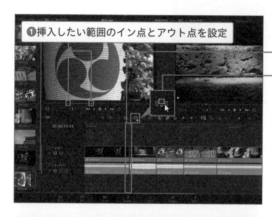

❶挿入したい範囲のイン点とアウト点を設定

❷再生ヘッドを挿入したい編集点に合わせる

❸「クリップを挿入」をクリック

ShortCut

クリップを挿入：
F9 （Win、Mac共通）

クリップが挿入される

Column｜再生ヘッドを編集点に合わせる

再生ヘッドをクリップとクリップの編集点にピタリと合わせるには、キーボードの①①を押してください。再生ヘッドが編集点にジャンプしてピタリと配置されます。

クリップを置き換える

タイムラインに配置したクリップを別のクリップと置き換える場合は、「**クリップを置き換え**」を利用します。このとき、置き換え元と置き換え先は同じデュレーションである必要はありません。ソースビューアで**イン点のみ設定**すれば、そこからタイムラインに配置されているクリップと同じデュレーションで置き換えられます。

❶イン点を設定

❷再生ヘッドをクリップ上に合わせる

❸「クリップを置き換え」をクリック

🔁 ShortCut

クリップを置き換え:
[F11]（Win、Mac共通）

クリップが置き換わっている

クリップを上書きする

クリップの上書きは、現在配置されているクリップの上に上書きします。したがって下になったクリップは消えてしまいますので、操作には注意してください。

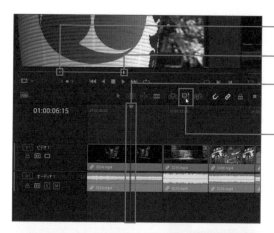

❶イン点を設定

❷アウト点を設定

❸再生ヘッドをクリップ
上に合わせる

❹「クリップを上書き」を
クリック

🔁 ShortCut

クリップを上書き：
F10 (Win、Mac共通)

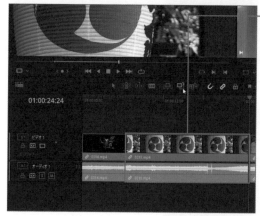

クリップが上書きされる

Section

08

配置済みのクリップを 入れ替えたい

■ Shift + Ctrl +ドラッグ

タイムラインに配置したクリップの順番を入れ替える作業は、頻繁に発生します。プロジェクトを
再生して「このクリップはこのクリップの前に再生した方がよいな」という場合です。この場合、
単にドラッグ&ドロップで入れ替えようとすると、上書きになってしまいます。クリップの順番を
入れ替える場合は、ショートカットキーを利用します。

ショートカットキーで入れ替える

DaVinci Resolveのタイムラインでは、クリップを入れ替えるには Shift キー
+ Ctrl キーを押しながらクリップをドラッグします。なお、この操作は途中で止
めないでください。途中で止めると、その位置で移動先のクリップが分断されてし
まいます。

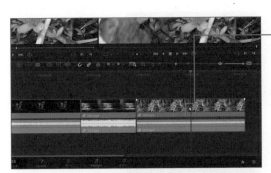

❶ Shift キー + Ctrl キーを
押しながらドラッグ

![ShortCut アイコン] ShortCut

クリップの入れ替え：
Shift + Ctrl +ドラッグ (Win)、
Shift + Command +ドラッグ(Mac)

クリップが入れ替わる

Section

09
配置したクリップの
不要な部分をカットしたい

● 先頭をドラッグ　● 終端をドラッグ

クリップの必要な部分だけを残す編集作業を「トリミング」といいますが、DaVinci Resolveには
トリミング用にさまざまなツールが搭載されています。しかし、最も基本となるのが、クリップの
先頭や終端をドラッグしての操作になります。

基本はドラッグ

　クリップのトリミングの基本は、クリップの先端や終端のドラッグですが、ド
ラッグする方向によってはギャップが発生します。次の例では、先頭のクリップの
終端をトリミングしています。なお、先頭のクリップは、ソースビューアでイン点、
アウト点を設定して、とりあえずトリミングしています。

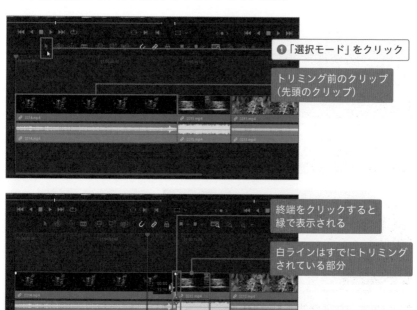

❶「選択モード」をクリック

トリミング前のクリップ
（先頭のクリップ）

終端をクリックすると
緑で表示される

白ラインはすでにトリミング
されている部分

❷左右にドラッグして
トリミング

左にドラッグした場合、
ギャップができる

■ ギャップを削除する

ギャップが発生した場合は、ギャップ部分をクリックして選択し、Delete キーで
削除します。あるいは、クリックして選択後、右クリックで「リップル削除」を選
択しても削除できます。

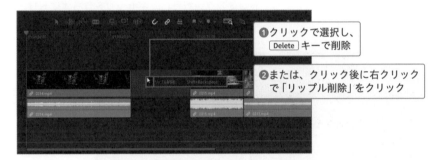

❶クリックで選択し、
Delete キーで削除

❷または、クリック後に右クリック
で「リップル削除」をクリック

■ トリミングできない表示

クリップの先端、終端をクリックした際、緑ではなく赤く表示された場合は、先
端の場合は左へ、終端の場合は右へのトリミングはできません。

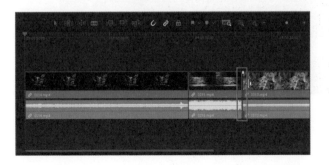

Section

10

クリップ間にギャップが出来ないようにカットしたい

● トリム編集モード

前節のように「選択モード」でトリミングを行うと、トリミング方向によってはギャップが発生してしまいます。しかし、「トリム編集モード」を利用すると、ギャップを発生させずにトリミングができます。自動的にギャップを詰めるような動作を「リップル」といいます。なお、デフォルトでは選択モードに設定されているので、モードを切り替える必要があります。

ギャップを自動的に詰める「トリム編集モード」

　トリム編集モードを有効にしてトリミングを行うと、ギャップを作らずにトリミングが行えます。

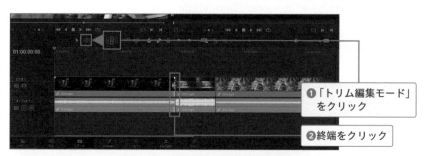

❶「トリム編集モード」をクリック

❷終端をクリック

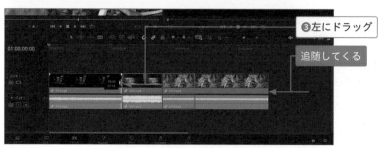

❸左にドラッグ

追随してくる

Section

11

プレビューの再生をショートカットキーで効率的に行いたい

■ショートカットキー Ⓙ、Ⓚ、Ⓛ

トリミングなどを行った箇所は、再生ヘッドをドラッグするか、コントローラーを利用すれば、クリップを再生して確認できます。しかし、いずれもマウスを動かしたりボタンをクリックしたりする必要があり、手間がかかります。そんなときは、ショートカットキーを利用すれば、効率的に確認操作が行えます。

キーは Ⓙ、Ⓚ、Ⓛ の3個

クリップをプレビューしたい場合は Ⓙ、Ⓚ、Ⓛ の3つのキーを使うと便利です。トリミング箇所に限らず、通常の再生操作でも利用できます。

それぞれ次のような動作が割り当てられています。

・Ⓙ：逆再生（巻き戻し）
・Ⓚ：停止
・Ⓛ：再生

また、Ⓙキー、Ⓛキーは、2回、3回、……と複数回押すと、そのたびに2倍速、3倍速、4倍速・・・と再生速度がアップします。

・Ⓙ：複数回押すと、そのたびに逆再生速度アップ
・Ⓛ：複数回押すと、そのたびに再生速度アップ

さらに、Ⓚキーを押しながらⒿキーまたはⓁキーを押すと、1コマずつコマ送りになります。ⒿキーまたはⓁキーを押したままにすると、連続して再生されるので、コマ送りのスローな状態で確認できます。

・Ⓚ＋Ⓙ：1コマだけ逆コマ送り。押しっぱなしで連続して逆コマ送り
・Ⓚ＋Ⓛ：1コマだけコマ送り。押しっぱなしで連続してコマ送り

Chapter
4

Section

12

クリップの切り替わりに
効果を付けたい

■トランジション

クリップの切り替わり（場面転換）に設定する特殊な効果を「トランジション」といいます。「エディット」ページでのトランジション設定は、トランジションパネルを表示し、利用したいトランジションをドラッグ＆ドロップで設定します。なお、トリミングされていない編集点にトランジション設定はできないため、事前にトリミングする必要があります。

トランジションを設定する

クリップの切り替わり時に設定するトランジションは、「エフェクト」パネルにあります。利用する際には、「メディアプール」を非表示にした方が選択しやすくなります。

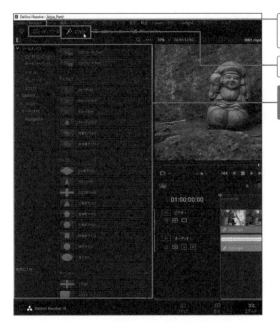

❶「メディアプール」をクリックして非表示にする

❷「エフェクト」をクリック

エフェクトパネルが表示される

❸タイムライン名をク
　リックして赤く表示

❹再生ヘッドを編
　集点に合わせる

❺「ビデオトランジション」
　をクリック

❻利用したいトランジ
　ションの名前の上でマ
　ウスを左右にドラッグ

❼トランジション内容を
　事前確認

❽編集点にドラッグ＆ドロップ

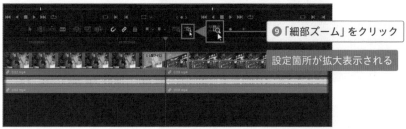

❾「細部ズーム」をクリック

設定箇所が拡大表示される

別のトランジションに交換する

すでに設定されているトランジションを別のトランジションに変更したい場合は、新しいトランジションを既存の設定の上にドラッグ＆ドロップします。

❶トランジションをクリック

❷既存のトランジション上にドラッグ＆ドロップ

トランジションを削除する

　トランジションの削除方法は、とてもシンプルです。設定してあるトランジション
をクリックして選択し、[Delete]キーで削除します。なお、「カット」ページのよ
うにトランジションを削除するコマンドは用意されていません。したがって、必ず
手動での削除になります。

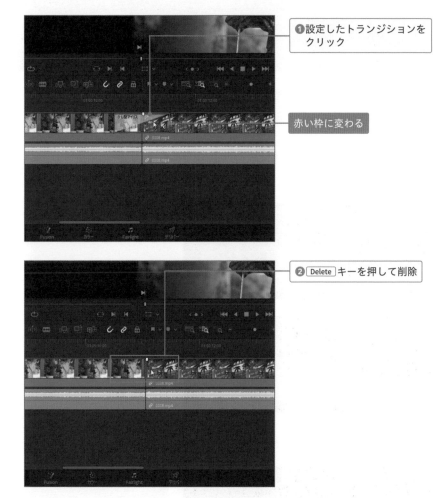

❶設定したトランジションを
クリック

赤い枠に変わる

❷[Delete]キーを押して削除

Section

13

フェードイン・フェードアウトを
手早く設定したい

■マーカーのドラッグによるフェードイン　■フェードアウト

クリップにフェードイン、フェードアウトを設定するには、トランジション（P.162参照）の「ク
ロスディゾルブ」を利用する方法がありますが、クリップの標準機能でも非常に簡単にフェードイ
ン、フェードアウトを設定できます。ここでは映像クリップに対して行いますが、音声のクリップ
に対しても同じように設定できます。

クリップの角にあるハンドルをドラッグするだけ

　プロジェクトの開始や終了に、フェードイン、フェードアウトはよく利用されま
す。動画の始まりや終わりの演出には効果的だからです。「エディット」ページでは、
フェードイン、フェードアウトの設定が非常に簡単にできます。

❶マウスをクリップに合わせる

マーカーが表示される

❷ハンドルをドラッグ

音声に対しても同様に設定できます。

同じハンドルは音声にも表示
される

Section

14

クリップに特殊効果を設定して 映像を演出したい

■エフェクト

トランジションはクリップどうしが接合する点（編集点）に設定する特殊な効果でしたが、「エフェクト」は、クリップ自体に設定する特殊効果です。ここでは、エフェクトの設定方法と、設定したエフェクトを削除する方法を解説します。なお、1つのクリップに対して複数のエフェクトを設定できます。

エフェクトを設定する

クリップにエフェクトを設定するには、エフェクトを設定したいクリップを指定し、エフェクト名をダブルクリックして設定します。

❶クリップ上に再生ヘッドを合わせて選択

❷映像を確認

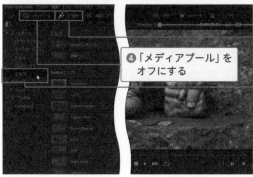

❸タイムライン名をクリックして赤く表示

❹「メディアプール」をオフにする

❺「エフェクト」をクリック

❻「エフェクト」をクリック

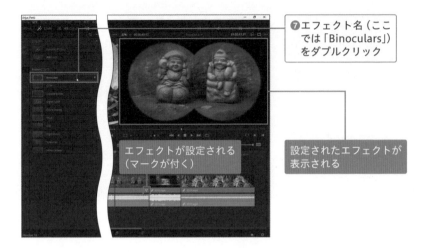

❼エフェクト名（ここ
では「Binoculars」）
をダブルクリック

エフェクトが設定される
（マークが付く）

設定されたエフェクトが
表示される

エフェクトはダブルクリックするほか、該当するクリップ上にドラッグ＆ドロッ
プしても設定できます。

Column | 有料版で有効なエフェクト

エフェクトによっては、右のようなメッセー
ジが表示されます。これは有料版のDaVinci
Resolve Studioでのみ利用可能なエフェ
クトです。有料版を購入したい場合は「Buy
Now」を、購入しない場合は「Not Yet」を
クリックしてください。

エフェクトを複数設定する

エフェクトは、**1つのクリップに複数設定**できます。たとえば、先の操作で
「Binoculars」エフェクトを設定したクリップに、さらに「Video Camera」エ
フェクトを設定してみましょう。

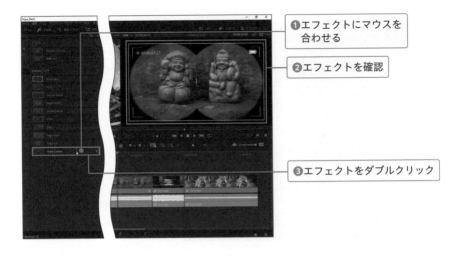

❶エフェクトにマウスを合わせる

❷エフェクトを確認

❸エフェクトをダブルクリック

エフェクトを削除する

　タイムラインのクリップに設定したエフェクトを削除する場合は、インスペクタパネルで操作をします。

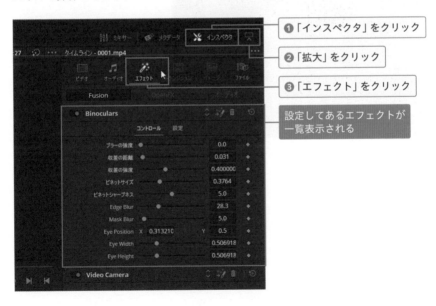

❶「インスペクタ」をクリック

❷「拡大」をクリック

❸「エフェクト」をクリック

設定してあるエフェクトが一覧表示される

　エフェクトのBefore／Afterを確認して、削除するかどうかを決めます。

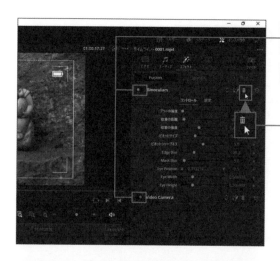

④クリックでオン／オフして
設定前／設定後を確認

⑤ゴミ箱をクリック

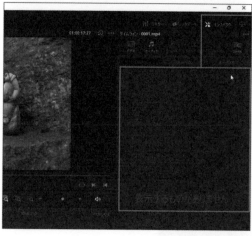

エフェクトが削除される

170

Section

15

複数のクリップ範囲に対して
柔軟にエフェクトを設定したい

●調整クリップ ●エフェクト

エフェクトの設定は、基本的にはクリップ自体に行います。しかし、1つのクリップ全体にエフェクトを設定したくない場合もあります。たとえば、1つのクリップの前半と後半で別々のエフェクトを設定したい場合です。あるいは同じエフェクトを複数のクリップにわたって設定したいこともあります。そのようなときには、「調整クリップ」を利用します。

調整クリップを利用する

調整クリップは、エフェクトを設定するための専用クリップで、いわば透明なクリップと考えてください。この調整クリップを通常のビデオクリップの上に重ねることによって、一種のフィルターの役目を果たし、調整クリップに設定したエフェクトがビデオクリップに設定したのと同じ効果で表示されます。

■ 調整クリップをトラックに配置する

調整クリップは、エフェクトを設定したいクリップの上のトラックに配置します。なお、トラックは調整クリップ配置時に自動的に設定されます。

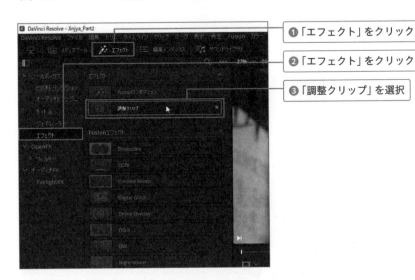

❶ 「エフェクト」をクリック

❷ 「エフェクト」をクリック

❸ 「調整クリップ」を選択

Chapter 4

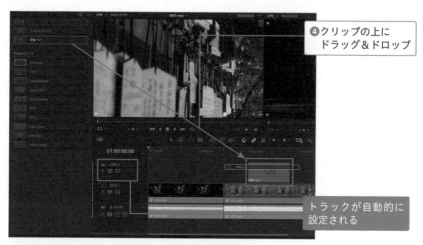

❹クリップの上に
ドラッグ＆ドロップ

トラックが自動的に
設定される

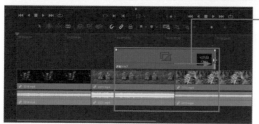

❺調整クリップの幅を広げる

複数のクリップにまたいで
配置される

■ エフェクトを設定する

タイムラインに配置した調整クリップに、「エフェクト」パネルから利用したい
エフェクトを設定します。

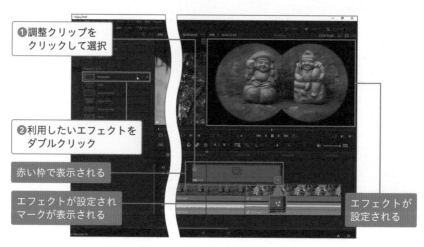

❶調整クリップを
クリックして選択

❷利用したいエフェクトを
ダブルクリック

赤い枠で表示される

エフェクトが設定され
マークが表示される

エフェクトが
設定される

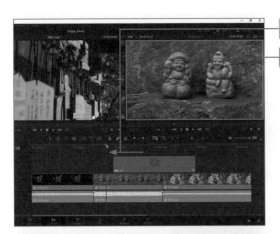

❸再生ヘッドをドラッグ

エフェクトは反映されていない

❹再生ヘッドをドラッグ

エフェクトが反映されている

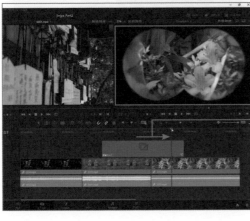

❺再生ヘッドを
ドラッグ

クリップが変わってもエフェ
クトが反映されている

エフェクトのカスタマイズ

　エフェクトのオプションをカスタマイズして、自由に効果を調整できます。調整は、インスペクタの「エフェクト」タブで行います。

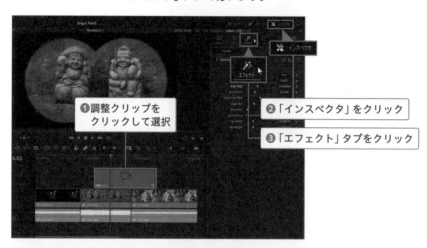

❶調整クリップを
　クリックして選択

❷「インスペクタ」をクリック

❸「エフェクト」タブをクリック

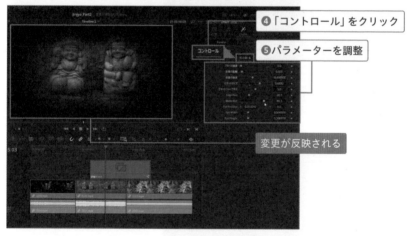

❹「コントロール」をクリック

❺パラメーターを調整

変更が反映される

Point　設定を変更したいエフェクトがあるクリップを選択する

エフェクトのカスタマイズは、エフェクトを設定してあるクリップを選択して行います。たとえば、調整クリップで設定したエフェクトは、ビデオクリップのエフェクトの設定を変更しても反映されません。
ここでは調整クリップでエフェクトを設定したので調整クリップを選択していますが、エフェクトをビデオクリップに設定した場合は、そのビデオクリップを選択してカスタマイズします。

Section

16

オリジナルのメインタイトルを作成したい

■テキスト＋

P.119では、タイトルテンプレートの「テキスト」の使い方について解説しましたが、ここでは「テキスト＋」(テキストプラス)というテンプレートでメインタイトルを作成する方法を解説します。同じ「テキスト」テンプレートですが、オプションの設定方法が異なります。また、テキスト＋はオプションが豊富で、凝ったデザインができます。

「テキスト＋」で作るメインタイトル

　「エディット」ページでメインタイトルを作成してみましょう。ここでは、次のようなメインタイトルを作成する手順について解説します。P.119で解説した「カット」ページの「テキスト」テンプレートで作成するメインタイトルと同じものです。それぞれの操作がどのように違うかを確認してください。なお、基本的な操作のみの解説になりますが、他のプリセットでも設定方法は基本的に同じです。

これから作成するメインタイトル

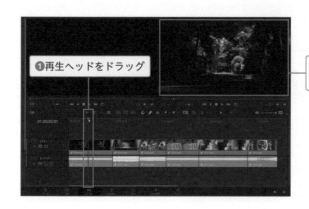

❶再生ヘッドをドラッグ

❷テキストを配置する
フレームを確認

❸「メディアプール」をクリッ
クしてパネルをオフにする

❹「エフェクト」
をクリック

❺「ツールボックス」の矢印
をクリックしてを展開

Custom Title

❻「タイトル」
をクリック

❼「テキスト＋」に
マウスを合わせる

❽タイトルデザインを確認

　タイトル名の上を左右にドラッグすると、アニメーション効果のあるテンプレートは動きを確認できます（「テキスト＋」には動きはありません）。

❾テンプレートをドラッグ＆ドロップ

タイムラインが
自動作成される

タイトルが表示される

■ タイトルを入力する

タイトル文字のテキストは、インスペクタを利用して入力します。

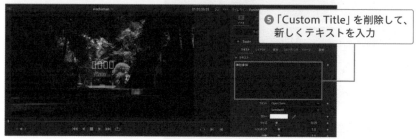

　全角文字 (漢字やひらがな) を入力した場合、設定されているフォントによって
は、文字化けすることもあります。

Point　全角文字と半角文字

漢字やひらがな、カタカナなどは「全角文字」と呼ばれます。これに対してA、B、Cなどのア
ルファベットは、「全角」と「半角」で入力できます。また、カタカナも半角で入力できます。

■ フォントを変更する

テキストを入力したら、フォントを変更します。

① 「フォント」の「v」をクリック

フォント一覧が表示される

② フォントを選択

選択したフォントのサンプル
が表示される

■ テキストの色を変更する

テキストの色は、「カラー」のカラーボックスをクリックし、表示されたカラー
ピッカーから選択します。

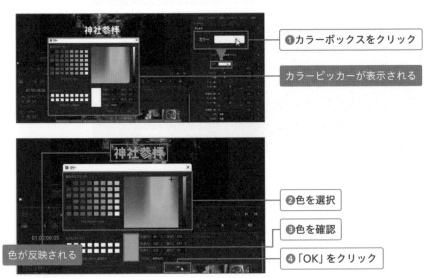

① カラーボックスをクリック

カラーピッカーが表示される

② 色を選択

③ 色を確認

④ 「OK」をクリック

色が反映される

■ 文字サイズの変更

テキストのサイズは、**「サイズ」**のスライダーをドラッグして変更します。

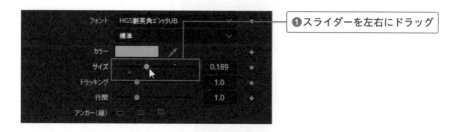

❶スライダーを左右にドラッグ

スライダーを右にドラッグすると文字が大きくなり、左にドラッグすると小さくなります。なお、スライダーの右にあるテキストボックスに数値を入力してもサイズ変更できます。

テキストの表示位置の変更

テキストの表示位置は、インスペクタの「タイトル」にある**「レイアウト」**タブで変更します。

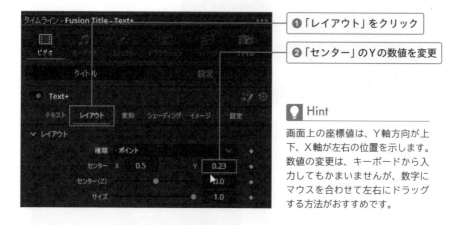

❶「レイアウト」をクリック

❷「センター」のYの数値を変更

💡 Hint

画面上の座標値は、Y軸方向が上下、X軸が左右の位置を示します。数値の変更は、キーボードから入力してもかまいませんが、数字にマウスを合わせて左右にドラッグする方法がおすすめです。

テキストに縁取り（ストローク）を付ける

テキストに縁取り（ストローク）を設定するには、「シェーディング」タブを利用します。なお、設定項目が少し複雑なので、画面の操作番号を参考にしてください。

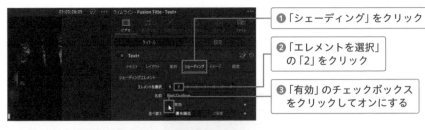

❶「シェーディング」をクリック

❷「エレメントを選択」の「2」をクリック

❸「有効」のチェックボックスをクリックしてオンにする

設定パネルが表示される

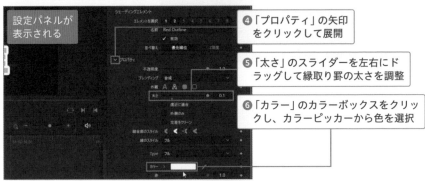

❹「プロパティ」の矢印をクリックして展開

❺「太さ」のスライダーを左右にドラッグして縁取り罫の太さを調整

❻「カラー」のカラーボックスをクリックし、カラーピッカーから色を選択

テキストに縁取りが反映される

Column テキストが表示されない

操作の途中で、なぜかテキストが表示されなくなる場合があります。たとえば、一度保存終了して再起動したときです。この場合、この「シェーディング」タブの「エレメントを選択」にある「1」の有効がオフになっている場合があります。表示されなくなったら、ここを確認してみてください。

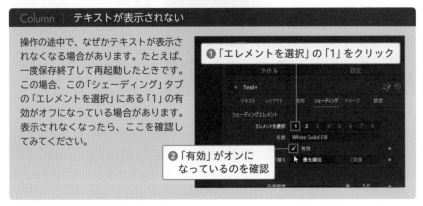

❶「エレメントを選択」の「1」をクリック

❷「有効」がオンになっているのを確認

180

背景に座布団を設定する

テキストの背景に色の付いた四角形を配置してみましょう。これを「座布団」と
呼んでいます。

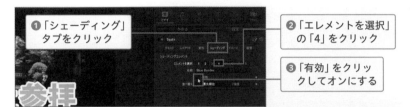

❹「不透明度」で透明度を調整

❺「延長（横）」のスライダーで背景の幅を調整

❻「延長（縦）」のスライダーで背景の高さを調整

❼「カラー」で色を設定

❽「位置」のオプションを展開

❾「オフセット」の「X」「Y」で表示する座標を調整

Point　サブタイトルを作成

同じ方法で、サブタイトルも作成できます。この場合、別トラックに新しくタイトルクリップ
を配置して作成します。

トランジションの設定

　メインタイトル、サブタイトルの表示に違和感がある場合は、タイトルクリップの前後にトランジションの「クロスディゾルブ」を設定します。

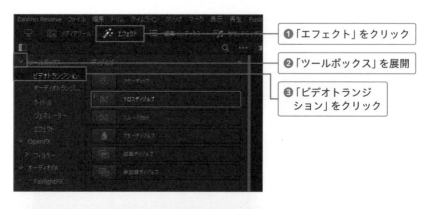

❶「エフェクト」をクリック

❷「ツールボックス」を展開

❸「ビデオトランジション」をクリック

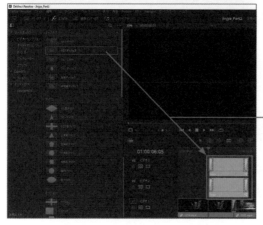

❹ドラッグ＆ドロップして設定

トランジションが設定された

Chapter **5**

「Fusion」ページで
エフェクトを活用
する

Section

01
「Fusion」ページの機能を知りたい

● Fusion

「Fusion」ページは、元々「Fusion」という単体のソフトだったものをDaVinci Resolveの一部として取り込んだものです。Fusionでできることを一言でいえば「合成（コンポジット）」です。映像とテキストの合成や、合成したテキストに動きを付ける機能など、さまざまな機能や要素の組み合わせにより1つのコンテンツを作ることができます。

Fusionは組み合せでコンテンツを作るページ

　「Fusion」ページはとてもシンプルな機能で構成されています。2つのビューアを備えており、**合成する素材**の表示と、素材を**合成した結果**を表示できます。合成作業は、画面下部の**ノードエディター**と呼ばれる領域で行います。

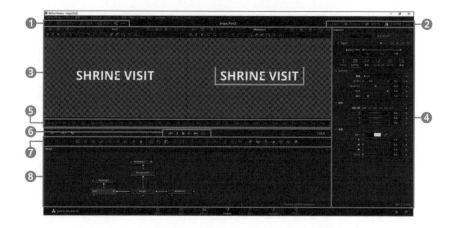

❶インターフェイスツールバー(左)

　メディアプール、エフェクト、クリップ、ノードなど、素材管理やエフェクト設定に必要な各種パネルを表示するアイコンを備えている。

184

❷ インターフェイスツールバー（右）

　スプライン、キーフレーム、インスペクタなど、アニメーションや素材の各種設定に必要な機能のパネルを表示する。

❸ ビューア

　編集中のノードやノードの設定状態、設定結果などを、2D、3Dで表示する。左右2個ある。何を表示するかは決まっていないため、ユーザーが自由に設定できる。

❹ パネル表示領域

　左ページの画面は、インスペクタパネルを右側に表示した状態。パネルは左右に表示される。

❺ タイムルーラー

　タイムルーラーはタイムラインとして機能し、左端の0フレームからフレーム番号が振られている。タイムラインには赤と黄色のラインが表示されている。
　赤いライン：再生ヘッド
　黄色いライン：2本表示されている場合は、左がイン点、右がアウト点になる。

❻ トランスポートコントローラー

　ビューアの再生、停止、逆再生などをコントロールする。

❼ ツールバー

　よく利用されるノードが、アイコンとして登録されている。利用する場合はアイコンをダブルクリックするか、ノードエディターにドラッグ＆ドロップする。

❽ ノードエディター

　ノードを配置して接続、解除を行い、ノードツリーと呼ばれるノードの関係を構築するための領域。ノードの設定はインスペクタで行う。

Chapter **5**

Section

02

「ノード」を使って映像と
テキストを合成したい

■ノードエディター ■マージ

「Fusion」ページを利用するには、「ノード」について理解する必要があります。ノードはネットワークで利用されている用語ですが、Fusionでは、そのネットワークの考え方を利用しています。これにより、さまざまな素材を合成して、1つのコンテンツを作り上げることができるのです。

ノードとは？

そもそもノードとは何なのかを理解するために、コンピューターネットワークを考えてみましょう。コンピューターネットワークは、パソコンやスマホ、プリンター、ルーターといったさまざまな周辺機器が、ケーブルや無線などの**伝送路**で接続されて形成されています。このときの各周辺機器を「**ノード**」といいます。

「Fusion」ページでは、たとえば映像とテキストを合成する場合、映像やテキストがノードになります。そして、そのノードどうしをラインで結んでネットワークを形成します。

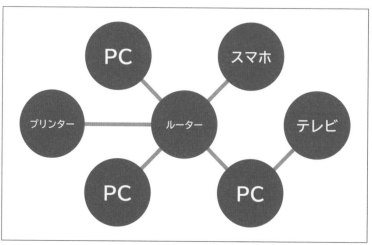

コンピューターネットワークをノードで表した図。

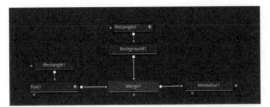

Fusionでのノードの使用例。

■ データの入口と出口がある

コンピューターネットワークでは、各ノードに必ずデータの入口または出口があります。たとえばパソコンからネットワーク上のルーターに印刷データを出力します。ルーターはデータをプリンターに送り、プリンターは受け取ったデータを紙に印刷します。その印刷結果は、いわば「コンテンツ」といえます。

「Fusion」も同じで、各ノードには必ず入口または出口があり、映像やテキストなどのノードどうしを接続し、ネットワークを形成します。このネットワークを通してさまざまな合成を行った結果を出力し、1つのコンテンツを作っているのです。

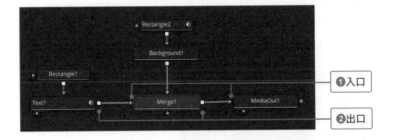

映像とテキストを合成する

では、簡単にノードを利用した合成を行ってみましょう。ここでは、こま犬の映像と、「こま犬」というテキストを合成してみます。

■ テキストを入力

最初に、表示する映像を「Fusion」ページに表示し、合成するテキストを入力してみましょう。なお、この時点では、まだ映像とテキストは合成されません。

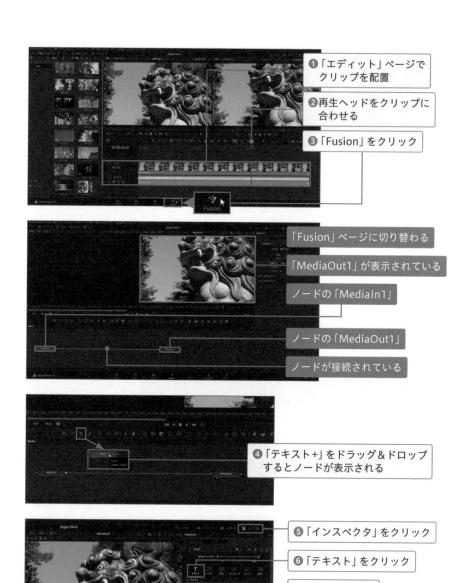

❶「エディット」ページで
クリップを配置

❷再生ヘッドをクリップに
合わせる

❸「Fusion」をクリック

「Fusion」ページに切り替わる

「MediaOut1」が表示されている

ノードの「MediaIn1」

ノードの「MediaOut1」

ノードが接続されている

❹「テキスト+」をドラッグ&ドロップ
するとノードが表示される

❺「インスペクタ」をクリック

❻「テキスト」をクリック

❼テキストを入力

188

❽LeftViewの左の●をクリック

テキストが表示される（現段階では文字化けしている）

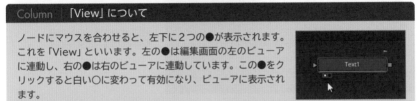

Column　「View」について

ノードにマウスを合わせると、左下に2つの●が表示されます。これを「View」といいます。左の●は編集画面の左のビューアに連動し、右の●は右のビューアに連動しています。この●をクリックすると白い〇に変わって有効になり、ビューアに表示されます。

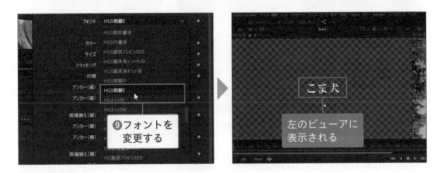

❾フォントを変更する

左のビューアに表示される

■ 合成用のノードを利用して合成する

テキストノードを映像ノードと合成するには、合成するためのノードである「マージ」ノードを利用します。このノードを利用しないと、合成できません。

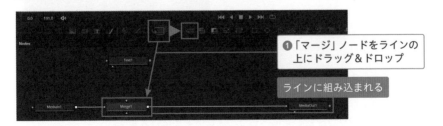

❶「マージ」ノードをラインの上にドラッグ＆ドロップ

ラインに組み込まれる

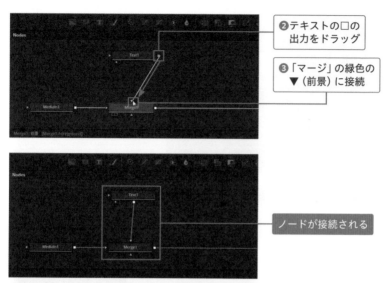

❷テキストの□の
　出力をドラッグ

❸「マージ」の緑色の
　▼（前景）に接続

ノードが接続される

テキストが合成される

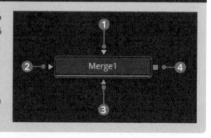
■ スピーディにノードを配置する

　先の操作手順では、1つずつ操作内容がわかるように解説しました。この作業は
ドラッグ＆ドロップを使わずに、もっとスピーディに行えます。

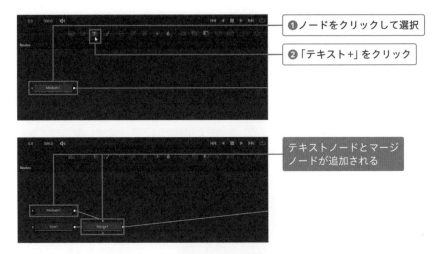

❶ノードをクリックして選択

❷「テキスト＋」をクリック

テキストノードとマージ
ノードが追加される

このときノードが追加されるのは、選択しているノードの後になります。ここでは「MediaIn1」を選択したので、その後に配置されています。なお、ノードは不規則に配置されるので、ノードがどのように追加・接続されたのか、それぞれの関連性をきちんと把握する必要があります。そのため、ノードはドラッグして自由に配置場所を変更できます。なお、配置場所を変更しても接続は切れません。

■ テキストをカスタマイズ

インスペクタでは、このほか、カラーやサイズなどでテキストをカスタマイズできます。なお、注意しなければならないのは、**必ずテキストノードを選択**していることです。他のノードを選択すると、インスペクタの表示内容が変わってしまいます。

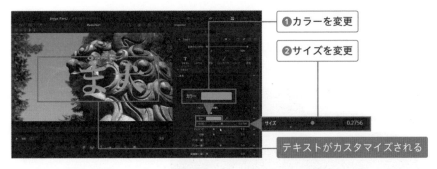

❶カラーを変更

❷サイズを変更

テキストがカスタマイズされる

表示位置等の変更は、P.175で解説した「テキスト＋」と同じで、「レイアウト」タブを利用して変更できますが、次のSection03では、ドラッグで移動させる方法を紹介しています。

Chapter 5

191

ラインの接続を切る

ノードを追加して接続したけれど、やっぱりノード間の接続を解除したい、あるいはノードを削除したいという場合は、次のように操作します。

■ 接続を解除する

ノードどうしを接続している**ラインを切りたい**場合は、**入力に近い側のライン**をクリックします。出力に近い側では、クリックして青に変わりますが、切ることはできません。

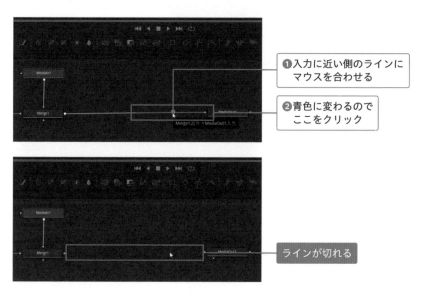

❶入力に近い側のラインにマウスを合わせる

❷青色に変わるのでここをクリック

ラインが切れる

■ ノードを削除する

ノードを削除するには、**削除したいノードを右クリック**し、表示されたコンテクストメニューから**「削除」**を選択します。

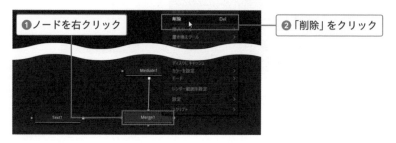

❶ノードを右クリック

❷「削除」をクリック

Section

03

「ノード」を使ってテキストを 1文字ずつ表示したい

■端から表示

映像と合成させたテキストを、左から1文字ずつ表示させるアニメーションを作成しましょう。インスペクタにはアニメーション化できるオプションが複数ありますが、アニメーションの基本的な設定方法は、ここで解説する方法と共通です。ここでの解説を参考に、他のオプションのアニメーション化にチャレンジしてください。

テキストの準備

まずは、表示させるテキストを準備しましょう。Section02で作成したテキストを引き続き使用します。フォントやカラー、サイズなどは調整してあるので、さらに縁取りを設定し、表示位置を調整します。

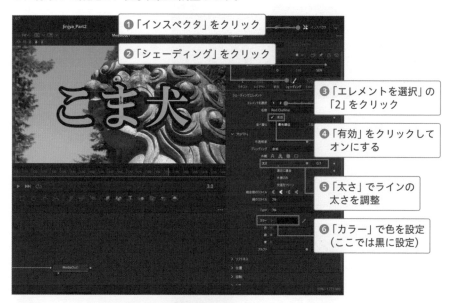

❶「インスペクタ」をクリック

❷「シェーディング」をクリック

❸「エレメントを選択」の「2」をクリック

❹「有効」をクリックしてオンにする

❺「太さ」でラインの太さを調整

❻「カラー」で色を設定（ここでは黒に設定）

❼ビューア中央にある矢印をドラッグして表示位置を調整

1文字ずつ表示するアニメーション設定

　テキストの準備ができたら、テキストを1文字ずつ表示するアニメーションを設定します。

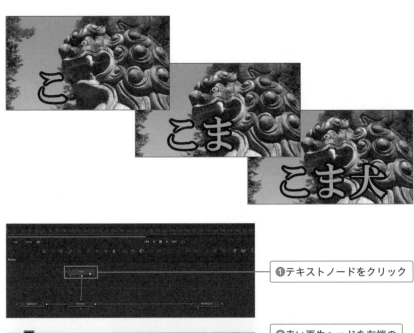

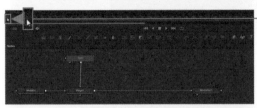

❶テキストノードをクリック

❷赤い再生ヘッドを左端の
0フレームに合わせる

❸「テキスト」タブをクリック

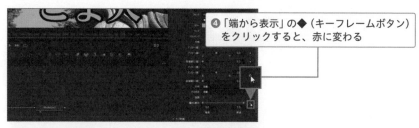

❹「端から表示」の◆（キーフレームボタン）
をクリックすると、赤に変わる

❺「端から表示」の右側にある●
スライダーを左端にドラッグ

❻再生ヘッドを「30」
フレームにドラッグ

❼❺の操作で左端にドラッグした「端から
表示」のスライダーを右端にドラッグ

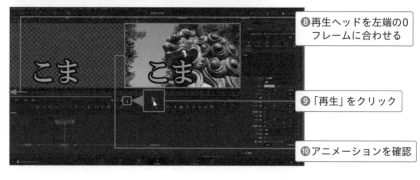

❽再生ヘッドを左端の0
フレームに合わせる

❾「再生」をクリック

❿アニメーションを確認

Section

04 テキストが下から出現する アニメーションを作りたい

● Fusionコンポジション ● マスク機能

ここでは、「Fusion」ページでアニメーションを作る方法について解説します。アニメーションを作成する場合、これを守れば必ずアニメーションが作れるという5つのポイントがあります。その5つのポイントを使った、アニメーションを作ってみましょう。この5つのポイントは、どんなに難しいアニメーション、複雑なアニメーションにも適用されるポイントです。

アニメーションのための5つのポイント

筆者がアニメーション作成の講座で伝えている、**アニメーションのための5つのポイント**がこれです。

❶アニメーションを開始する時間を決める

❷アニメーションを開始する位置・状態を決める

❸アニメーション機能をオンにする

❹アニメーションを終了する時間を決める

❺アニメーションを終了する位置・状態を決める

この順番で作成すれば、アニメーションは必ず成功します。逆にいうと、どれか1つでも間違えると、きちんとしたアニメーションになりません。なお、❶、❷と❹、❺については、❹、❺を先に設定し、❸、そして❶、❷を設定するという順番でもOKです。ブロック図で表すと、次のようになります。

【パターン1】　　　　　　　　　【パターン2】

アニメーション開始の設定	アニメーション終了の設定
▼	▼
アニメーションをオン	アニメーションをオン
▼	▼
アニメーション終了の設定	アニメーション開始の設定

テキストが現れるアニメーション

ここでは、次のようなテキストが画面の途中から上にニョキッと現れるアニメーションを作成します。

なお、ここでは先ほどの【パターン2】で作成します。それは、アニメーションが終了した状態から作り始めた方が、作業がしやすいからです。

■ タイムラインを作成

最初に、アニメーションを作成するための新規タイムラインを作成します。もちろん、現在編集中のタイムラインでもかまいません。このタイムラインに、「Fusionコンポジション」というエフェクトを配置します。

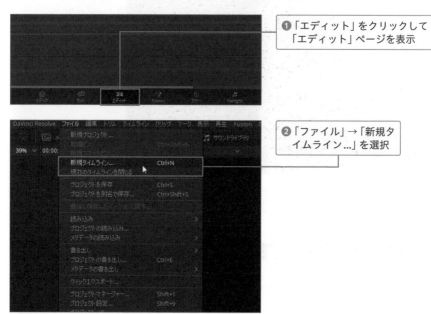

❶「エディット」をクリックして「エディット」ページを表示

❷「ファイル」→「新規タイムライン…」を選択

Chapter **5**

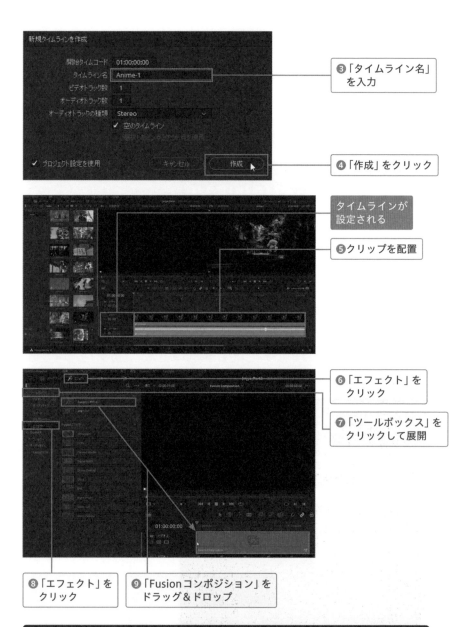

❸「タイムライン名」
を入力

❹「作成」をクリック

タイムラインが
設定される

❺クリップを配置

❻「エフェクト」を
クリック

❼「ツールボックス」を
クリックして展開

❽「エフェクト」を
クリック

❾「Fusionコンポジション」を
ドラッグ＆ドロップ

Column アニメーションの長さ

アニメーションのデュレーションは、この「Fusionコンポジション」のデュレーションと同じで、デフォルトで5秒です。変更したい場合は、このクリップをトリミングして調整してください。

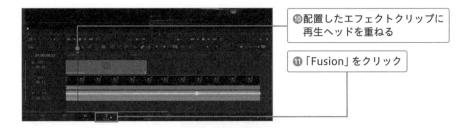

⑩配置したエフェクトクリップに
再生ヘッドを重ねる

⑪「Fusion」をクリック

■ テキストを入力

次に、「Fusion」ページに切り替えて、テキストを入力します。

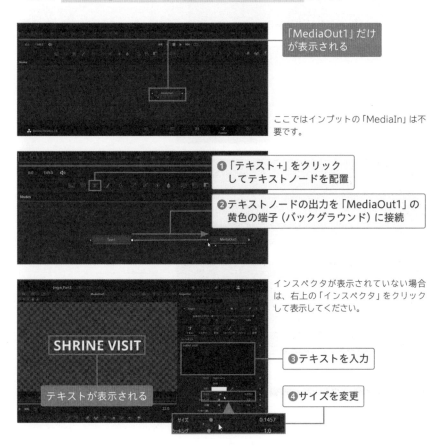

「MediaOut1」だけ
が表示される

ここではインプットの「MediaIn」は不
要です。

❶「テキスト+」をクリック
してテキストノードを配置

❷テキストノードの出力を「MediaOut1」の
黄色の端子 (バックグラウンド) に接続

インスペクタが表示されていない場合
は、右上の「インスペクタ」をクリック
して表示してください。

SHRINE VISIT

テキストが表示される

❸テキストを入力

❹サイズを変更

サイズ 0.1457

Chapter

5

■ マスクを設定する

テキストが入力できたら、**マスク**を設定します。マスクを設定すると、マスクの範囲内にあるテキストは表示されますが、マスクの範囲から外れると、表示されなくなります。

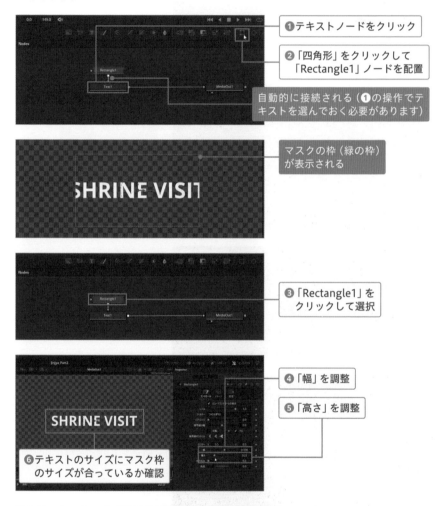

❶テキストノードをクリック

❷「四角形」をクリックして「Rectangle1」ノードを配置

自動的に接続される（❶の操作でテキストを選んでおく必要があります）

マスクの枠（緑の枠）が表示される

❸「Rectangle1」をクリックして選択

❹「幅」を調整

❺「高さ」を調整

❻テキストのサイズにマスク枠のサイズが合っているか確認

■ アニメーション終了の時間と状態を設定する

今回は、アニメーション設定の【パターン2】で設定します。つまり、はじめにアニメーション作成ポイントの④（アニメーションを終了する時間を決める）、⑤（アニメーションを終了する位置・状態を決める）を実行します。

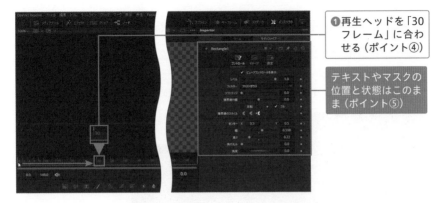

❶再生ヘッドを「30フレーム」に合わせる（ポイント④）

テキストやマスクの位置と状態はこのまま（ポイント⑤）

■ アニメーションをオンにする

　今回アニメーションさせるのは、表示している**テキストの位置情報**です。テキストの位置は、インスペクタの「レイアウト」にある「センター」で設定するので、このオプションのアニメーションをオンにします。この作業がアニメーション作成ポイントの③（アニメーション機能をオンにする）になります。

Chapter **5**

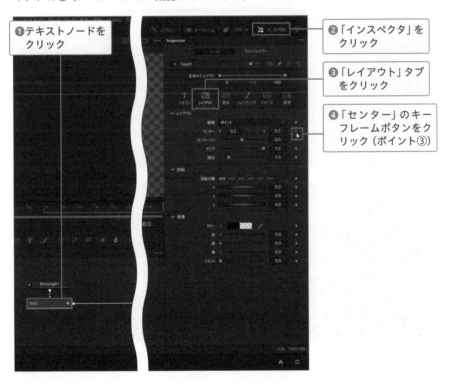

❶テキストノードをクリック

❷「インスペクタ」をクリック

❸「レイアウト」タブをクリック

❹「センター」のキーフレームボタンをクリック（ポイント③）

■ アニメーション開始の時間と状態を設定する

アニメーションが開始する時間と、そのときの位置・状態を設定します。これがアニメーション作成のためのポイントの①（アニメーションを開始する時間を決める）、②（アニメーションを開始する位置・状態を決める）です。

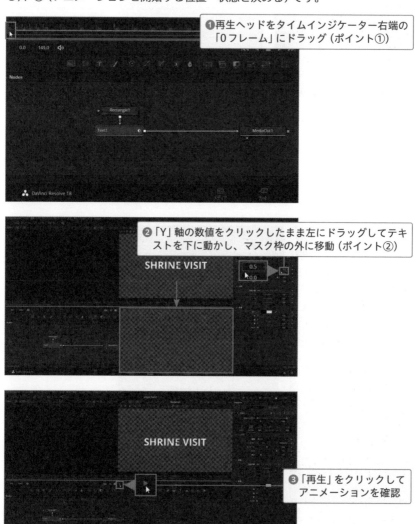

❶再生ヘッドをタイムインジケーター右端の「0フレーム」にドラッグ（ポイント①）

❷「Y」軸の数値をクリックしたまま左にドラッグしてテキストを下に動かし、マスク枠の外に移動（ポイント②）

❸「再生」をクリックしてアニメーションを確認

Section

05

テキストのアニメーションの
動きに緩急を付けたい

■スプライン

アニメーションを設定すると、一定速度で移動するので違和感がありますが、動きに緩急を付けると自然な感じになります。そのような効果を「イーズ」と呼びます。DaVinci Resolveでイーズを設定するには、「スプライン」を利用します。ここでは、Section04で作成したテキストのアニメーションにイーズを設定する方法を解説します。

スプラインを設定する

スプラインは、ノードエディターパネルに表示して調整します。

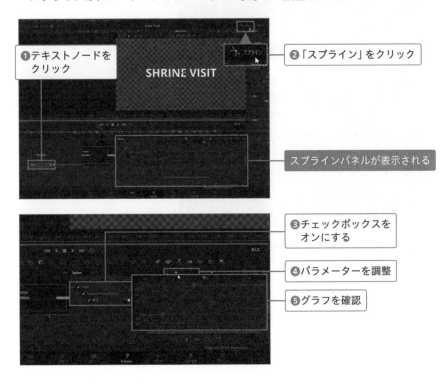

❶テキストノードを
クリック

❷「スプライン」をクリック

SHRINE VISIT

スプラインパネルが表示される

❸チェックボックスを
オンにする

❹パラメーターを調整

❺グラフを確認

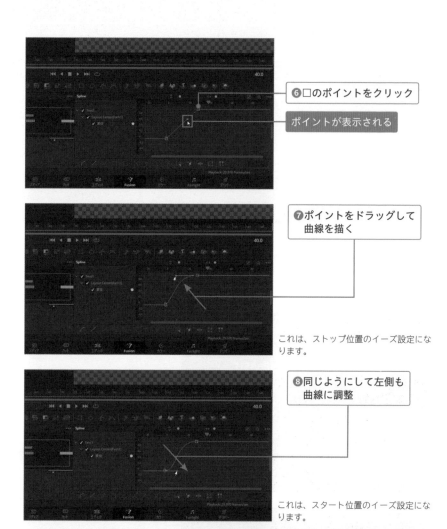

❻□のポイントをクリック

ポイントが表示される

❼ポイントをドラッグして
曲線を描く

これは、ストップ位置のイーズ設定になります。

❽同じようにして左側も
曲線に調整

これは、スタート位置のイーズ設定になります。

Column | ベジェ曲線の利用

スプラインで表示されているグラフは、「ベジェ曲線」と呼ばれるものです。ここで操作した小さな□はベジェ曲線では「方向線」「方向点」と呼ばれるもので、これを利用して作成される曲線がベジェ曲線です。

Section

06 ラインアニメーションを加えて よりスタイリッシュにしたい

●背景 ●マスク

作成したアニメーションに、ラインが出現するアニメーション（ラインアニメーション）を加えて、さらにスタイリッシュにしてみましょう。なお、ここではテキストアニメに追加する形式で解説しますが、もちろん、単独での利用も可能です。ここでの方法を他のアニメーションと組み合わせて、よりオリジナリティーあるアニメーションを作成してみてください。

ラインアニメーションを加える

ここでは、**ラインを使ったアニメーション**と、テキストのアニメーションを加え、次のようなアニメーションを作成してみます。

テキストを囲うようなラインが出現するアニメーション。

■ ラインの作成

Section04、05で作成したテキストのアニメーションに、ラインを追加します。ラインは、**「背景」ノード**と**「四角形」ノード**を組み合わせて作成します。

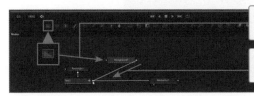

❶「背景」ノードをドラッグして配置

❷「背景」ノードの出力をテキストノードの出力にドラッグして接続

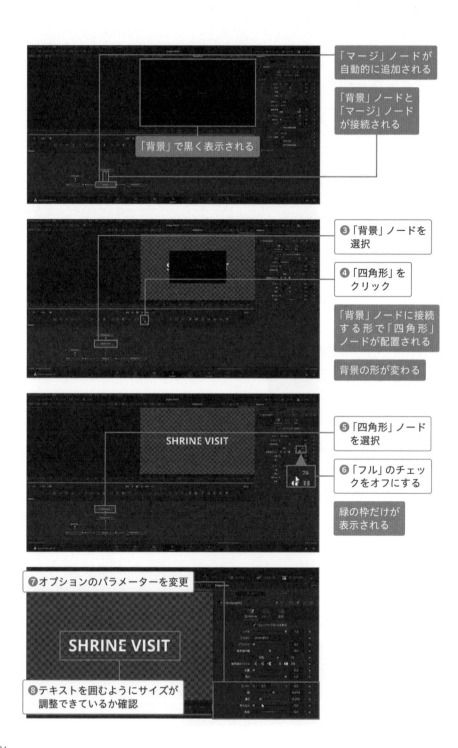

「マージ」ノードが
自動的に追加される

「背景」ノードと
「マージ」ノード
が接続される

「背景」で黒く表示される

❸「背景」ノードを
選択

❹「四角形」を
クリック

「背景」ノードに接続
する形で「四角形」
ノードが配置される

背景の形が変わる

❺「四角形」ノード
を選択

❻「フル」のチェッ
クをオフにする

緑の枠だけが
表示される

❼オプションのパラメーターを変更

SHRINE VISIT

❽テキストを囲むようにサイズが
調整できているか確認

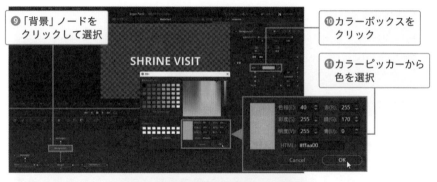

⑨「背景」ノードを
　クリックして選択

⑩カラーボックスを
　クリック

⑪カラーピッカーから
　色を選択

⑫「四角形」ノードを
　クリックして選択

⑬「境界線の幅」の
　値を増やす

ラインが表示される

■ ラインを整形する

ラインの枠が作成できたら、さらに、このラインを整形します。

❶「長さ」のスライダーを
　ドラッグ

❷ラインの動きを確認

❸「位置」のスライダーを
　ドラッグ

ここが開始点

❹ライン描画が開始する点を
　左上に合わせる

⑤「長さ」のスライダーを
ドラッグ

⑥ライン描画が終了する
位置を右上に合わせる

■ ラインをアニメーション化する

　ラインが作成できたら、このラインの描画をアニメーション化します。
Section04で紹介している、**アニメーションのための5つのポイント**に気をつけ
ましょう。

❶再生ヘッドを30フレーム
に合わせる（ポイント④）

❷完成の状態を確認
（ポイント⑤）

❸「長さ」のキーフレームボタン
をクリックして、アニメーショ
ンをオンにする（ポイント③）

❹再生ヘッドを0フレーム位
置に合わせる（ポイント①）

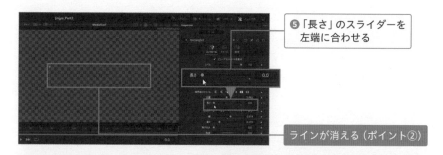

⑤「長さ」のスライダーを
左端に合わせる

ラインが消える（ポイント②）

スプラインを設定する

ラインの描画も、**スプラインを利用して緩急を設定**し、より自然な動きに調整します。

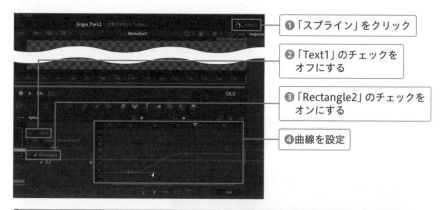

❶「スプライン」をクリック

❷「Text1」のチェックを
オフにする

❸「Rectangle2」のチェックを
オンにする

❹曲線を設定

「エディット」ページで確認する

「エディット」ページに切り替えて、アニメーションを確認します。

07

よく使うパーツを他の
プロジェクトでも使いまわしたい

■ パワービン

タイトル用のアニメーションなどを作成すると、他のプロジェクトでも利用したくなりますよね。本来なら、同じようなアニメーションを再作成しなければなりませんが、「パワービン」を利用すると、一度作成した素材を他のプロジェクトでも利用できるようになります。パワービンでは、このほか効果音やBGM、画像など、他のプロジェクトと共有したい素材を保存管理できます。

パワービンはプロジェクト間でデータを共有できるフォルダー

「ビン」はフォルダーだということはP.59で解説しました。**パワービンもフォルダーの一種**ですが、他のビンと異なるのは、このビンは他のプロジェクトでも表示でき、**保存されているデータを共有できる**ことなのです。

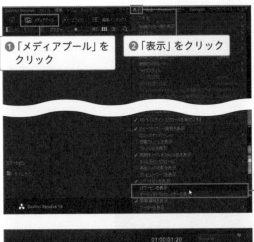

「エディット」ページを開いた状態

❶「メディアプール」をクリック

❷「表示」をクリック

❸「パワービンを表示」を選択

パワービンが表示される

❹「マスター」をクリック

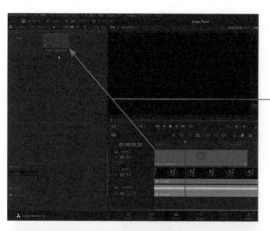

❺保存したい素材をドラッグ＆
ドロップ

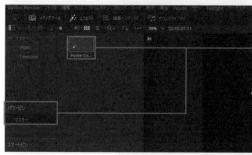

「パワービン」の「マスター」に
登録されている

パワービンを活用する

　では、作成したパワービンを活用してみましょう。ここでは、現在編集中のプロジェクトではなく、全く新しくプロジェクトを作成します。なお、サンプルデータはありませんので、各自ご自分の動画ファイルを利用して確認してください。

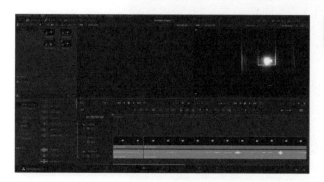

別のプロジェクトを
開いた状態

❶「パワービン」をクリック

❷トラックにドラッグ＆
ドロップして配置

❸「Fusion」ページで
テキストなどを修正

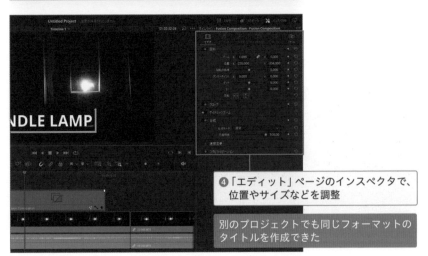

❹「エディット」ページのインスペクタで、
位置やサイズなどを調整

別のプロジェクトでも同じフォーマットの
タイトルを作成できた

Chapter **6**

「カラー」ページで
映像の色補正を
行う

Section

01

「カラー」ページの機能を
知りたい

■「カラー」ページ

「カラー」ページは色補正を行うためのページで、他のページと同様、機能が豊富です。本書ではすべての機能の解説はできませんが、どこにどのような機能があるのかを確認しておきましょう。色補正は動画編集作業の中でも特異な作業で、感覚的なセンスが要求されます。しかし、「カラー」ページでは、それをできる限り視覚的に確認しながら作業を行えるように工夫されています。

「カラー」ページの名称と機能

DaVinci Resolveの「カラー」ページは、次のような機能で構成されています。

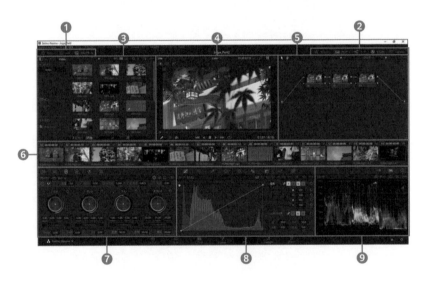

❶インターフェイスツールバー（左）

メディアプール、ギャラリー、LUTなど、素材管理やエフェクト設定に必要な各種パネルを表示、切り替えるアイコンを備えている。

❷インターフェイスツールバー（右）

タイムライン、クリップ、ノード、エフェクトなどの各パネルを表示する。

❸ メディアプール、その他

インターフェイスツールバー(左)で選んだパネルを表示する。

❹ ビューア

編集中のノードやノードの設定状態、設定結果などのフレーム映像を表示する。

❺ ノードエディター

複数のノードを組み合わせて、ノードツリーを作成する。組み合せを変えることで、異なる効果を表現することができる。

❻ タイムルーラー

「エディット」ページのタイムラインが表示される。タイムライン形式、クリップ形式等で表示を変更できる。画面はクリップ形式で表示。

❼ レフトパレット

カラーホイール、プライマリーバーなどを表示し、カラーバランスをコントロールする。

❽ センターパレット

カーブやカラーワーパー、クオリファイアー、トラッカーなどの表示を切り替え、カラーをコントロールする。

❾ スコープ、その他

色や輝度などを確認するためのスコープを表示し、現在の補正状況を客観的に確認できる。

Chapter **6**

02

カラーコレクションとカラーグレーディングの違いを知りたい

●カラーコレクション ●カラーグレーディング

色を扱う編集作業には、2つの大きな作業があります。1つが「カラーコレクション」で、もう1つが「カラーグレーディング」です。ときおり、これらを区別することなく利用されていることも見かけますが、きちんとその違いを理解しておきましょう。その違いを理解して色の編集に取り込むことで、混乱することなく作業を行うことができます。

色補正の手順

ちょっと乱暴な説明になりますが、色補正を行う目的には2つあります。

❶正しい色、自然な色で表示させる

❷自分のイメージした色に仕上げる

簡単にいえば、この2つが色補正の目的であり、**カラーコレクションとカラーグレーディングの違い**になります。そして、色補正の手順も、「元のデータ→カラーコレクション→カラーグレーディング」という順番で行うことになります。

撮影した元のデータ

撮影した映像を取り込んで、タイムラインに配置してあるデータ。

カラーコレクションで色補正

ホワイトバランス調整などを行い、正確
な色での表示に調整。

カラーグレーディングで色調整

映像の色を自分のイメージに近づくよう
に調整し、作品を作成します。この例で
は、葉っぱの色を調整しています。

■ カラーコレクション

　いわゆる「色補正」と呼ばれる作業が、この**カラーコレクション**です。光の具合
によって赤かぶりや青かぶり（本来の色より赤や青が濃くなってしまうこと）に
なったり、明るくなりすぎたりした状態を調整したいときなどもあります。

　このように、撮影した映像を自然な色で表示する、正しい色で表示する、あるい
は基本となる色調に整える作業を「カラーコレクション」といいます。

　たとえば、白を白として表示する**ホワイトバランス調整**などは、カラーコレク
ションの代表的な作業です。白を白として表示させることで、他の色も正しい色で
表示されるようになるという作業です。

■ カラーグレーディング

　カラーグレーディングとは、映像の色を自分のイメージに仕上げる作業のことで
す。カラーグレーディングは、カラーコレクションによって基本の色調に整えた映
像に対して行います。一度正しい色に調整してから、思い通りの色に仕上げる、す
なわち、色の演出を行うのがカラーグレーディングということです。

Chapter **6**

03

クリップの明るさを
調整したい

■カーブ・カスタム

色補正作業で最も多い処理の1つに、明るさの調整があります。一般的にはオート設定で撮影する
ケースがほとんどですが、その場合、希望する明るさよりも多少暗めになったり明るめになったり
することが多いからです。そのような映像に対しては、カーブを利用すると、簡単に明るさやコン
トラストを調整できます。

カーブで明るさ・コントラストを調整

　ここでは、カーブを利用して映像の明るさを調整してみましょう。「エディット」
ページでクリップを配置してから、「カラー」ページを表示して作業を開始します。

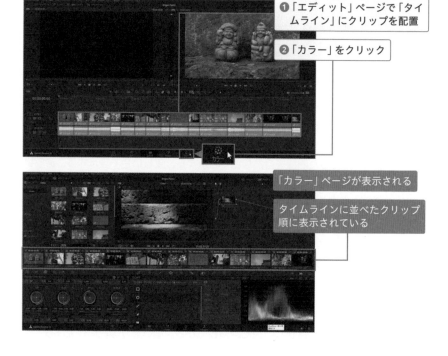

❶「エディット」ページで「タイ
ムライン」にクリップを配置

❷「カラー」をクリック

「カラー」ページが表示される

タイムラインに並べたクリップ
順に表示されている

■ カーブを調整する

カーブを表示して、明るさを調整してみましょう。

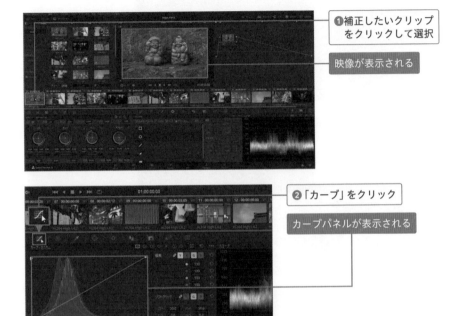

❶補正したいクリップ
　をクリックして選択

映像が表示される

❷「カーブ」をクリック

カーブパネルが表示される

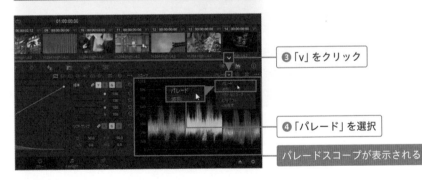

❸「v」をクリック

❹「パレード」を選択

パレードスコープが表示される

🔍 Glossary

パレードスコープ

ビデオ信号のRGB各チャンネルの強さを分析する波形です。RGBのバランスが良いと、同じような状態で表示されます。色が偏っていると、チャンネル表示のバランスも偏ります。なお、コントラスト比を確認するのにも適しています。縦に長い場合はコントラスト比が高く、短い場合はコントラスト比が低いことを意味しています。

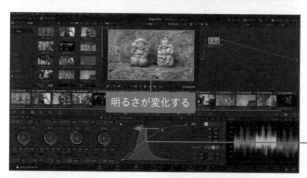

⑤「Y」(輝度を意味する) を
クリック

⑥斜めのラインの右上側を
左方向にドラッグ

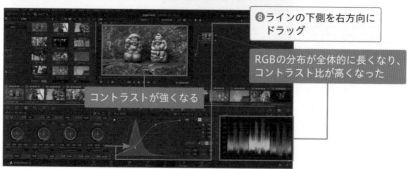

⑦ラインをドラッグ

明るさが変化する

⑧ラインの下側を右方向に
ドラッグ

RGBの分布が全体的に長くなり、
コントラスト比が高くなった

コントラストが強くなる

クリップを自然な色合いに調整したい

●ホワイトバランス ●自動バランス

撮影する時間帯や太陽光の状態、室内撮影ではライトの種類などによって、カラーバランスが正確でない場合があります。こうした場合にカラーバランスを調整しますが、この作業も色補正では多い作業の1つです。DaVinci Resolveには「ホワイトバランス」と「自動バランス」という便利な機能が搭載されており、レベルの高い補正結果を示してくれます。

「ホワイトバランス」で調整する

ホワイトバランス調整というのは、白い色を白く表示するように調整することです。これにより他の色も正確な色で表示できるようになり、赤っぽい映像や青っぽい映像の**色かぶり**状態を補正できます。

実直に作業する場合はカラーホイールを利用しますが、正直にいってこれはなかなか難しい作業です。そこで、「ホワイトバランス」を利用して調整してみましょう。これを利用すると、とても簡単にホワイトバランスを調整できます。

❶補正したいクリップを選択

❷色の状態を確認

❸パレードスコープでかぶりの状態を確認

このクリップは、やや赤色かぶりの状態にあります。

Chapter **6**

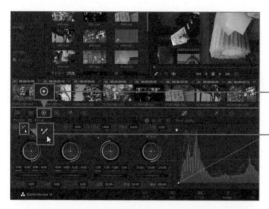

❹「カラーホイール」を
クリックして表示

❺スポイト型のアイコンを
クリックして選択

❻白く表示したい
位置でクリック

ホワイトバランスが
自動調整される

RGBのバランスが
良くなっている

Point 補正したことを示すマーク

クリップに対して色補正を行うと、クリップの
番号表示がレインボーカラーに変わります。こ
れによって、そのクリップに対して色補正が行
われているかどうかが判断できます。

「自動バランス」で調整する

　ホワイトバランスは白く表示したい部分をクリックすることで色補正しますが、映像によっては白く表示させる部分がないケースもあります。そのような場合は、「自動バランス」を利用してください。自動で、ホワイトバランスも含めて全体のカラーバランスを調整してくれます。DaVinci Resolve17からグッと機能アップされ、とても優れた結果を示してくれます。個人的には、最も利用している機能の１つです。

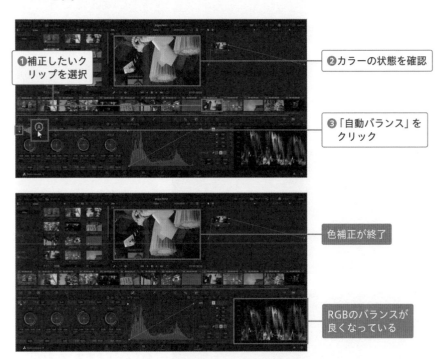

❶補正したいク
　リップを選択

❷カラーの状態を確認

❸「自動バランス」を
　クリック

色補正が終了

RGBのバランスが
良くなっている

05

クリップを希望する
色合いに調整したい

■ カラーホイール

カラーコレクションで自然な感じに色を調整できたら、今度は自分のイメージした色合いに変更してみましょう。いわゆるカラーグレーディングです。たとえば、シーンを朝に設定したいので、寒色系に仕上げたい、あるいは夕方なので暖色系に仕上げたいといった操作です。なお、この操作には、「カラーホイール」を利用します。

カラーコレクションする

　カラーグレーディングする前に、色調をニュートラルな状態にカラーコレクションします。ここでは、ノードを使って自動カラーバランスを利用します。

❶ クリップを選択

選択したクリップのフレーム

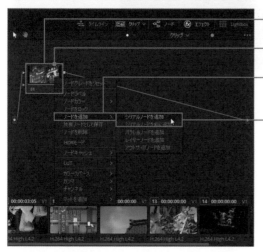

デフォルトのノード

❷ ノードを右クリック

❸「ノードを追加」を選択

❹「シリアルノードを
　追加」をクリック

ノードが追加される

❺追加されたノードを選択

❻「自動バランス」をクリック

カラーバランスが補正される

カラーグレーディングする

カラーコレクションが終了したら、**プライマリーカラーホイール**を利用して、カラーグレーディングを実行します。設定を進める前に、カラーホイールの機能を確認しておきましょう。

❶リフト

「シャドウ」とも呼ばれ、暗い領域の色調整を行う。

❷ガンマ

「ミッドトーン」とも呼ばれ、中間調の領域の色調整を行う。

Chapter **6**

❸ゲイン

「ハイライト」とも呼ばれ、明るい領域の色調整を行う。

❹オフセット

「リフト」「ガンマ」「ゲイン」のコントラストを維持したまま、全体の色のバランスをコントロールする。

■ 寒色系に調整する

早朝のイメージに仕上げるために、青みがかった寒色系に調整してみましょう。

寒色系のイメージ

❶「カラーホイール」を
クリック

❷「ゲイン」の中心の○を色の輪（色相環という）の青から緑方向にドラッグ

青みがかった色に調整される

必要に応じて、他のホイールも調整します。

■ リセットする

カラーホイールの調整をリセットするには、「リセット」をクリックします。

❶ リセットをクリック

色も調整前に戻る

デフォルト状態に戻る

■ 暖色系に調整する

夕方のイメージに仕上げるために、赤みがかった暖色系に調整してみましょう。

暖色系のイメージ

❶「ゲイン」の中心の○を色の輪の赤方向にドラッグ

赤みがかった色に調整される

必要に応じて、他のホイールも調整します。

ここでは、色補正前にノードを追加しています。追加したノードを選択しておくと、クリップに対して行った色補正が、追加したノードに適用されます。したがって、補正が不要になった場合は、このノードを削除するかオフにすれば、補正前の状態に戻ります。

なお、ノードの下部左端にあるノード番号をクリックすると、ノードの有効／無効が切り替えられます。

設定は、このノードに対して適用されている

Section

06 特定の色を別の色に変更したい

■クオリファイアー

色補正でよくある要求に、「眠たそうな色を、スッキリとした色に変更したい」というものがあります。たとえば、空の色をきれいな青空にしたい、といったものです。そこで、ここでは「クオリファイアー」という機能を利用して、空をスッキリとした青空に変更する方法を解説します。また、カーブを利用しても色を変更できるので、その方法についてもあわせて解説します。

変更したい色の範囲をクオリファイアーで抽出する

「**クオリファイアー**」は色を調整する機能ではなく、色を抽出するセレクターの機能を備えています。たとえば、空の色を変更したい場合、変更したい色の部分をクオリファイアーで抽出します。

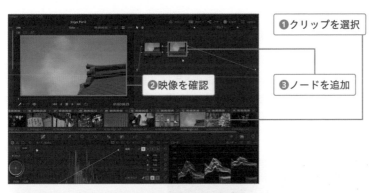

❶クリップを選択

❷映像を確認

❸ノードを追加

❹「クオリファイアー」をクリック

❺スポイト（ピッカー）でビューア内の色を変更したい部分をクリック

Chapter **6**

229

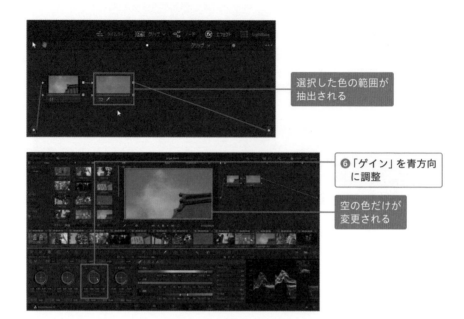

選択した色の範囲が
抽出される

⑥「ゲイン」を青方向
に調整

空の色だけが
変更される

カーブで色を変更する

　カーブには、「色相vs色相」や「色相vs彩度」、「色相vs輝度」などのカーブがあります。これを利用して特定の色を変更してみましょう。なお、「色相vs色相」などの「vs」は「versus」の略ですが、対立というような意味ではなく、対応させるといった意味です。たとえば「色相vs色相」は、選択した色相を、他の色相に変えるといった程度の意味です。

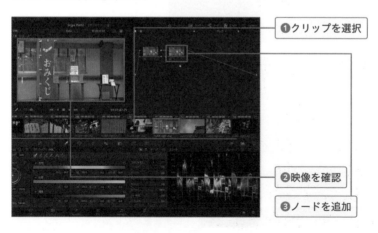

❶クリップを選択

❷映像を確認

❸ノードを追加

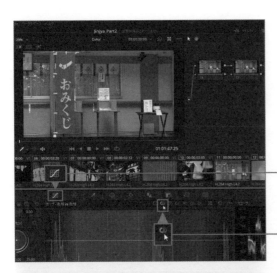

④「カーブ」をクリック

⑤「色相vs色相」をクリック

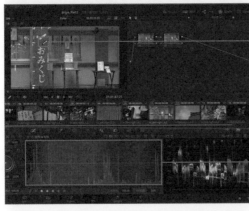

⑥ビューアで変更したい
色をクリック

カーブが表示される

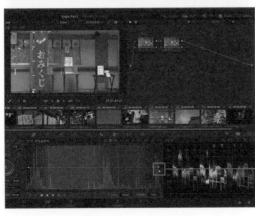

選択した色情報の位置に
ポイントが表示される

Chapter **6**

231

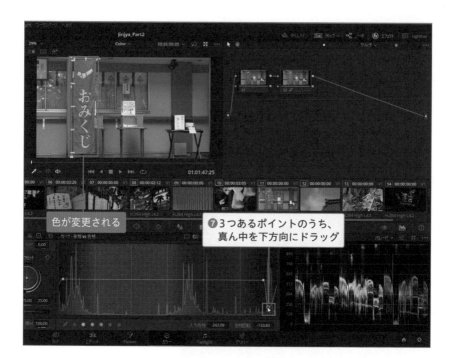

色が変更される

❼3つあるポイントのうち、
真ん中を下方向にドラッグ

Section

07

グリーンバックの映像や
画像と合成したい

■クオリファイアーの3Dモード

DaVinci Resolveには複数の合成機能があります。その中でもクオリファイアーを使った方法で
は、グリーンバックやブルーバックで撮影した映像や写真を利用した「キーイング合成」が簡単か
つきれいに行えます。クオリファイアーはSection06で特定の色を変更する方法として解説しま
したが、ここでは、特定の色を透明化する方法の解説になります。

タイムラインを準備する

　ここでは、グリーンバックで撮影した松ぼっくりの写真と格子の映像を利用し
て、合成する手順を解説します。なお、ここでの合成結果は、次のようになります。

合成したい写真データ

動画データ

合成結果

■ 画像と動画のアスペクト比を合わせる

　最初に、「エディット」ページで、合成に利用する素材を配置したタイムライン
を準備します。用意した画像と映像のアスペクト比が異なっているので、サイズを
調整します。

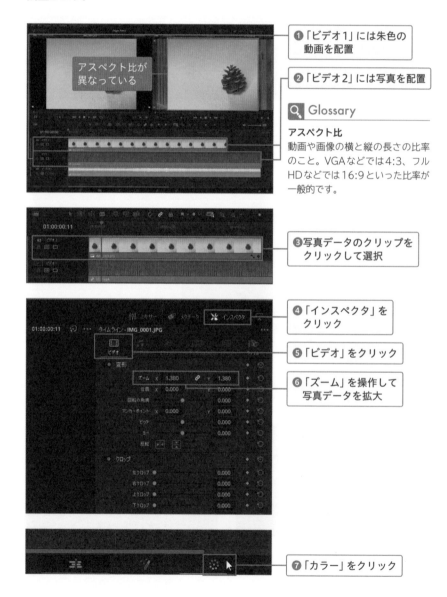

❶「ビデオ1」には朱色の
動画を配置

❷「ビデオ2」には写真を配置

🔍 Glossary

アスペクト比
動画や画像の横と縦の長さの比率
のこと。VGAなどでは4:3、フル
HDなどでは16:9といった比率が
一般的です。

❸写真データのクリップを
クリックして選択

❹「インスペクタ」を
クリック

❺「ビデオ」をクリック

❻「ズーム」を操作して
写真データを拡大

❼「カラー」をクリック

クオリファイアーで合成する

　タイムラインの準備ができたら、「カラー」ページに切り替えて、合成作業を行います。なお、ここでは筆者がよく行っている手順を紹介しますが、操作の順番に正解があるわけではないので、自分のやりやすい方法が見つかれば、そちらの方法で行ってください。

■ ノードを追加する

　シリアルノードを2つ追加して、合計で3つにします。1つ目は元の状態を残すノード、2つ目はクオリファイアーのためのノード、3つ目は色補正のためのノードです。

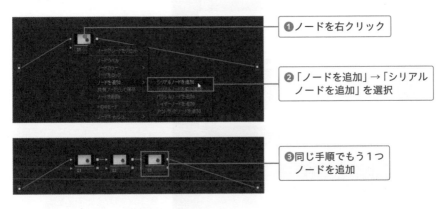

❶ノードを右クリック

❷「ノードを追加」→「シリアルノードを追加」を選択

❸同じ手順でもう1つノードを追加

■ クオリファイアーで切り抜く

　クオリファイアーで松ぼっくりだけを選択します。このとき、**クオリファイアーの3Dモード**を利用してください。

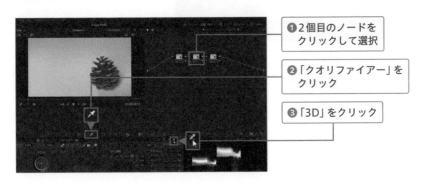

❶2個目のノードをクリックして選択

❷「クオリファイアー」をクリック

❸「3D」をクリック

❹「ハイライト」をクリック

❺ビューア上で松ぼっくりを
囲むようにドラッグ

マウスポインターがスポイトの形をした
ピッカーに変わります。また、囲ってい
るときには「ハイライト」によって白と
黒の2階調で表示されます。

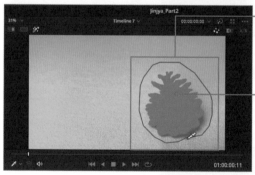

❻松ぼっくりのみを選択

抽出された色がグレー
表示されている

クオリファイアーの3Dモードを使用す
ると、このように対象を囲って選択する
ことができます。また、別の箇所を選択
して追加することもできます。

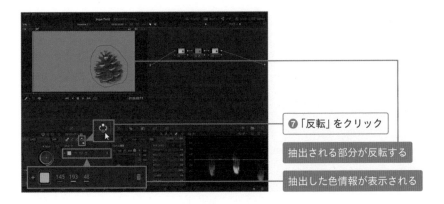

❼「反転」をクリック

抽出される部分が反転する

抽出した色情報が表示される

「反転」によって、グリーンバック部分が抽出されて表示されます。さらに抜きたい部分があったら、範囲指定を繰り返してください。

 Hint

抽出した色がグレーで
表示されない場合は、
ビューアの左上にある
「ハイライト」をクリッ
クして、ハイライト
モードに変更してくだ
さい。

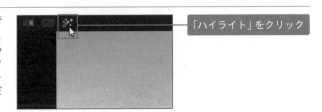

「ハイライト」をクリック

■ 切り抜き状態の調整

切り抜かれた部分は、輪郭や背景にグリーンが残っている場合があります。そのようなときは、「**スピル除去**」を利用します。

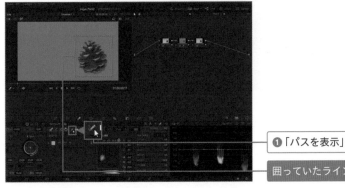

❶「パスを表示」をクリック

囲っていたラインが消える

Chapter 6

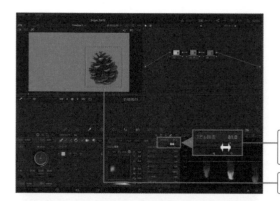

❷「スピル除去」のスライダー
を左右にドラッグ

❸輪郭の緑の消え具合を確認

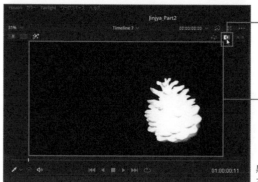

❹「白黒ハイライト」をク
リックしてオンにする

白黒で表示される

黒い部分が透明化され、白い部分が合成
される部分として残ります。

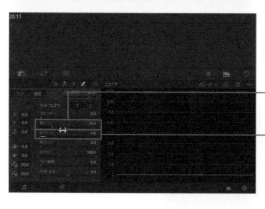

❺「黒クリーン」で
黒い部分を調整

❻「白クリーン」で
白い部分を調整

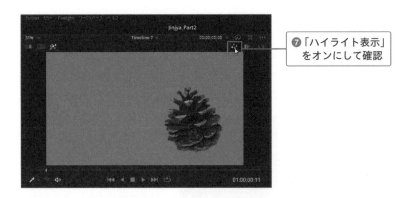

❼「ハイライト表示」
をオンにして確認

■ 松ぼっくりの色補正

　松ぼっくりの色補正を、3つ目のノードを使って行います。なお、必ずしも必要な作業ではありませんので、省略してもOKです。

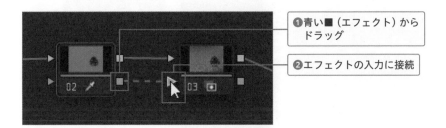

❶青い■（エフェクト）から
ドラッグ

❷エフェクトの入力に接続

　エフェクトを接続することによって、2つ目のノードのアルファ情報（透明化情報）が3つ目のノードに送られます。

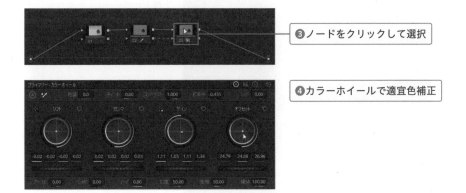

❸ノードをクリックして選択

❹カラーホイールで適宜色補正

Chapter **6**

■ アルファ出力を追加する

ここまでの作業でキーイング作業はほぼ終了ですが、この状態では「エディット」ページに戻っても、きちんと合成結果が表示されません。表示させるためには、「**アルファ出力を追加**」という作業が必要になります。

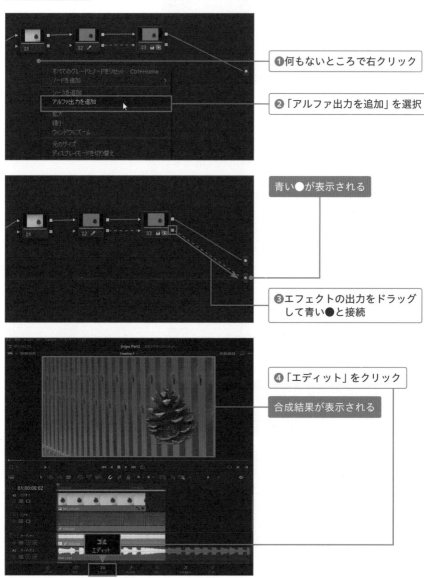

❶何もないところで右クリック

❷「アルファ出力を追加」を選択

青い●が表示される

❸エフェクトの出力をドラッグして青い●と接続

❹「エディット」をクリック

合成結果が表示される

Chapter

7

「Fairlight」ページ
でオーディオを
編集する

「Fairlight」ページの機能を知りたい

■ 「Fairlight」ページ

「Fairlight（フェアライト）」ページは、オーディオデータを編集するためのページです。一般的なオーディオ編集ツールと異なるのは、Fairlightが映像作品の音声編集に特化している点です。映像作品の音声編集というと、たとえば映像クリップごとの音声レベルを揃える、各トラックの音声レベルを整える、ナレーションを入れるといった作業に適しています。

「Fairlight」ページの名称と機能

DaVinci Resolveの「Fairlight」ページは、次のような機能で構成されています。なお、「Fairlight」ページには、有償・無償による制限は何もなく、どちらでも全く同じ機能を利用できます。

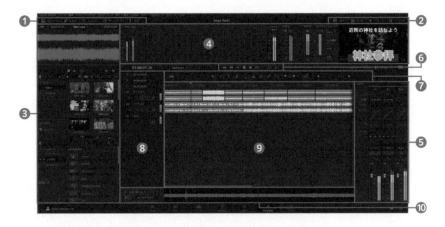

❶インターフェイスツールバー（左）

メディアプール、エフェクト、インデックスサウンドライブラリーなど、素材管理やオーディオエフェクト設定に必要な各種パネルを表示、切り替えるアイコンを備えている。

❷ インターフェイスツールバー（右）

ミキサー、メーター、メタデータ、インスペクタなど各パネルを表示、切り替えるアイコンを備えている。

❸ パネル表示領域（左）

インターフェイスツールバー（左）で選んだパネルを表示する。なお、「Fairlight」ページのメディアプールでは、上部に選択したクリップの音声波形が表示される。

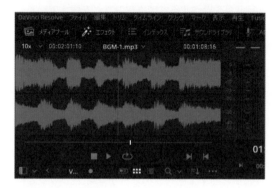

❹ メーター

各種オーディオメーターのほか、ビューア機能も備え、プロジェクトの再生時、音声と同時に映像も再生確認できる。

❺ パネル表示領域（右）

ミキサーやチャンネルストリップ、インスペクタなど、インターフェイスツールバー（右）で選択したパネルを表示する領域。

🔍 Glossary

ミキサー

ミキサーのことを「ミキシングコンソール」ともいいますが、複数トラックの音のバランスを調整して聞きやすくしたり、空間や環境に合わせた音の広がりの調整、音量や音質の調整などを行います。

🔍 Glossary

チャンネルストリップ

トラックに設定した複数のエフェクトをまとめて一度にコントロールするための機能です。なお、チャンネルストリップはトラックごとに表示されます。

Chapter **7**

❻ トランスポートコントロール

タイムラインの再生、停止、逆再生などを操作するボタンを備えている。

❼ ツールバー

選択モードや範囲選択モードなど、トラック編集に必要なツールを備えている。

❽ トラックヘッダー

トラック選択のオン／オフ、トラックを操作する各種ボタンなどを備えている。
ロック（カギ型アイコン）：トラックの編集をロックする。
R：レコード。ナレーションなどを録音する。
S：シングル。有効にすると、そのトラックの音声だけが再生され、ほかのトラックはオフになる。
M：ミュート。そのトラックの音声が再生されなくなる。

❾ タイムライン

メインとなる編集領域。音量調整はミキサーで行うが、トラックでも編集可能。そのほか、トリミングなど「エディット」ページのオーディオトラックと同じ操作ができる。編集機能が双方に搭載されているのは、従来、単独製品だったFairlightがDaVinci Resolve14から搭載されたため。

❿ スクローラー

指定したトラックの、再生中の音声波形を表示する。

Section

02

クリップやトラックの
音量を微調整したい

■ミキサー

「Fairlight」ページでの音声編集は、基本的には「エディット」ページや「Fusion」ページ、「カラー」ページでの映像編集をある程度終えた段階で行います。したがって、「エディット」ページでの音量調整などを終えている場合もありますが、さらに微調整などを行ったり、「エディット」ページではできない複数トラックのミキシングでの音量調整などを行います。

トラックのズーム操作

「エディット」ページ等で映像編集がある程度終了したら、「Fairlight」ページに切り替えます。なお、「Fairlight」ページを最初に表示したときは、トラック表示がデフォルト状態の場合、トラックのズーム操作をして編集作業をしやすく調整します。

編集作業が終了した「エディット」ページ

近所の神社を訪ねよう

❶「Fairlight」をクリック

神社参拝

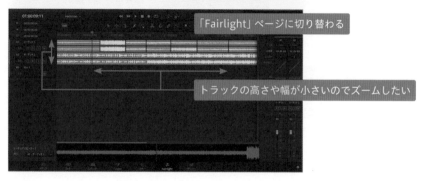

「Fairlight」ページに切り替わる

トラックの高さや幅が小さいのでズームしたい

■ 縦ズーム、横ズームで操作する

トラックの高さ調整は「**縦ズーム**」、トラックの幅調整は「**横ズーム**」で行います。

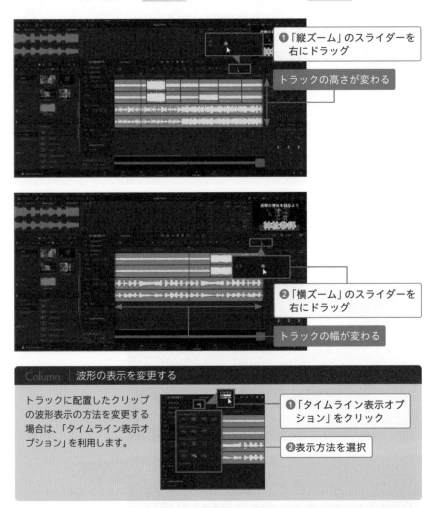

❶「縦ズーム」のスライダーを右にドラッグ

トラックの高さが変わる

❷「横ズーム」のスライダーを右にドラッグ

トラックの幅が変わる

Column | 波形の表示を変更する

トラックに配置したクリップの波形表示の方法を変更する場合は、「タイムライン表示オプション」を利用します。

❶「タイムライン表示オプション」をクリック

❷表示方法を選択

クリップ単位ので音量調整

クリップごとに音量調整する場合は、トラックに表示されている**ゲインライン**を上下にドラッグして調整します。

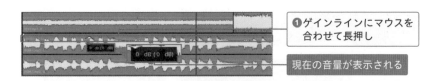

❶ゲインラインにマウスを
合わせて長押し

現在の音量が表示される

　ゲインラインが表示されていない場合は、前ページで説明した「タイムライン表
示オプション」で表示をオンにしてください。

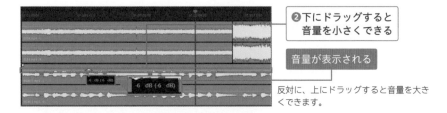

❷下にドラッグすると
音量を小さくできる

音量が表示される

反対に、上にドラッグすると音量を大き
くできます。

Column ｜ 音量数値「dB」の読み方

ゲインラインの音量は、次のように読みます。

❶クリップのオリジナルの音量を基準とした音量
❷ドラッグ開始時の音量を基準とした音量

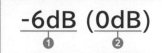

音量の数値はdBという単位を使って表します。「デシベル」と読み、基準となる音量に対して
どれほど大きい、または小さいかを表現します。つまり、ゲインラインに表示される音量は、
❶❷のように、それぞれの基準の音量に対する音量を示しているのです。
dBでは、基準となる音量と等しい場合に「0dB」となり、それより大きければ正の数、小
さければ負の数になります。具体的な数値は対数の計算を行う必要があります。たとえば、
6dBでは元の音量の約2倍、-6dBでは元の音量の約1/2になります。

トラック単位で音量を調整する

　トラック単位での音量を調整する場合は、ミキサーを利用すると操作が簡単です。

■ 特定のトラックの音量を調整

　たとえば、次の画面では「オーディオ2」にBGMのデータが配置されています。
この音量をミキサーを利用してトラック単位で音量を調整してみましょう。そのト
ラックに複数のクリップが配置されていれば、まとめて音量が調整されます。

Chapter **7**

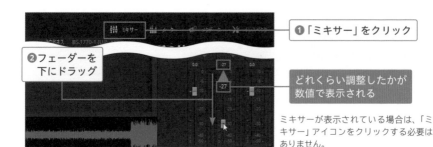

❶「ミキサー」をクリック

❷フェーダーを下にドラッグ

どれくらい調整したかが数値で表示される

ミキサーが表示されている場合は、「ミキサー」アイコンをクリックする必要はありません。

■ トラック全体の音量を調整

　トラックごとではなく、プロジェクト全体の音量を調整する場合は、ミキサーの「Bus1」のフェーダーを調整します。なお、フェーダーでの音量調整は、再生しながらでも可能です。

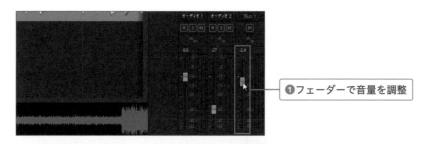

❶フェーダーで音量を調整

Column | **オーディオメーターの読み方**

ミキサーにはオーディオメーターが搭載され、音量をグラフで表示しています。このメーターの左には音量の目盛りが、フェーダーの上にはフェーダー位置のレベルがそれぞれ表示されます。

実は、ここに表示されている0dBは、P.247コラムの音調調整にある0dBとは基準とする音量が違います。オーディオメーターでの0dBは、最大音量で利用する場合、0dBを超えないように、という基準値なのです。これを「クリッピングレベル」といいますが、音量がこの0dBを超えると、

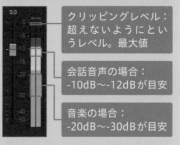

クリッピングレベル：超えないようにというレベル。最大値

会話音声の場合：-10dB～-12dBが目安

音楽の場合：-20dB～-30dBが目安

グラフは赤く表示されます。この場合、「音割れ」などが発生するので0dB以下に調整するように、という目安になるのです。そして、緑の範囲では聞きやすい音量で利用できますが、黄色は要注意という目安になります。この場合の値は、最大音量を0dBとした場合、それよりもどれくらい低いかという数値になります。

一般的に、右上の図のような目標値で設定すると聞きやすいとされています。なお、音楽をBGMで利用する場合は、-30dB程度の低い音量で利用するのが一般的です。

※数値はあくまで目安ですので、実際には聞きながら調整してください。

03

複数クリップの音量を
まとめて均一に調整したい

● オーディオレベルをノーマライズ

1本のトラックに複数のクリップを配置すると、クリップごとに音量が異なっているケースがよくあります。その場合、Section02で解説したゲインラインを利用した方法でもよいのですが、どの程度の音量に調整すればよいのかという基準がわかりませんよね。「ノーマライズ」という機能を使えば、配置したクリップの音量をまとめて均一化できます。

ノーマライズで全体を調整

トラックに配置したクリップの音量がそれぞれ異なる場合、バラバラの音量を均一化するには、「オーディオレベルをノーマライズ」を利用します。

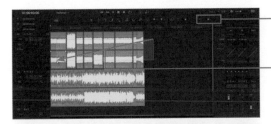

❶トラック幅をズーム
操作して全体を表示

❷ドラッグして音量を均一化し
たいクリップをすべて選択

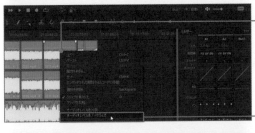

❸選択したクリップ
上で右クリック

❹「オーディオレベルを
ノーマライズ」を選択

❺「Sample Peak Program」
を選択

❻ターゲットレベルの数値を
「-6.1dB」などに設定

❼「相対」を選択

❽「ノーマライズ」をクリック

レベルが調整される

| ノーマライズの設定

「オーディオレベルをノーマライズ」では、以下のようなパラメーターを設定します。なお、「レベル設定」では「相対」を選ぶと、処理が簡単です。

・ノーマライズモード：メニューからモードを選択できるが、通常は「Sample Peak Program」を選択。
・ターゲットレベル：どのくらいの音量に設定するか、「0.0〜-20.0」の間で設定する。
・レベル設定：
　相対→すべてのクリップを1つにまとめて均一化する
　個別→それぞれ個別にクリップの設定を行う

| ノーマライズモードの種類について

ちょっと想像してみてください。クリップによって音量が異なる場合、場面転換するたびに音が大きくなったり小さくなったりしますよね。そのような動画は、決して見やすい動画とはいえません。ある一定の音量であれば、安心して見ることができます。ノーマラズは、その「安心感」を得るために行います。

音量調整では、ラウドネスの調整も気になることろです。ラウドネスの調整とは、人間が音を聞いてうるさくないかどうかといった感覚に対する調整を行うことです。もの凄く簡単にいえば、動画全体を通して心地よく聞こえる音量に調整することが、ラウドネスの調整であると捉えてください。

ノーマライズの方法には、ラウドネスの調整も含めていろいろな規格があり、ここで選択できるノーマライズモードは、それらに対応しています。通常の動画編集では、「Sample Peak Program」を指定すれば問題ありません。

Section

04 アフレコを録音したい

●録音

YouTubeでの番組では、ナレーションを利用するシーンが多くあります。映像の収録と同時にマイクなどの録音デバイスで録音する場合もありますが、映像編集を終えてからナレーションを録音するアフレコを行うケースも少なくありません。DaVinci Resolveの録音機能では、再生映像を見ながらアフレコができます。

OSのシステムでマイクを有効にする

　DaVinci Resolveでアフレコを行う前に、OS側で事前にマイクが利用できるように設定しておく必要があります。Macの場合は内蔵マイクを利用するタイプが多いのですが、Windowsの場合は、ノートパソコン以外のデスクトップパソコンなどでは、設定が必要な場合が多いです。

　ヘッドセットを利用する場合は、出力も設定する必要があります。

Windowsの場合の設定 (ヘッドセットを利用)

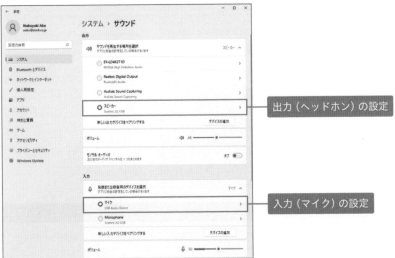

出力 (ヘッドホン) の設定

入力 (マイク) の設定

Chapter **7**

前ページの設定では、次の写真のようなオーディオインターフェイスを利用して、ヘッドセットをPCに接続しています。お手持ちのマイクやヘッドホンなどに合わせて、設定を行ってください。

オーディオインターフェイス：
Focusrite Scarlett 2i2

ヘッドセット：
Audio-Technica BPHS1

Macの場合の設定（内蔵マイクを利用）

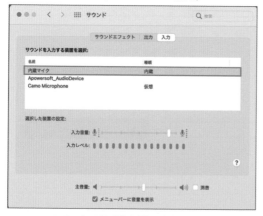

Column | アフレコについて

アフレコは「アフターレコーディング」の略で、収録後に音声を別途録音する編集方法のことです。なお、アフレコは和製英語で、英語圏ではポストレコーディングやADR（Automated Dialogue Replacement／Additional Dialogue Recording）といいます。

DaVinci Resolveでのオーディオの設定を行う

OS側でのマイク等のオーディオの設定ができたら、続いてDaVinci Resolve
側でもオーディオの入出力に関する設定を行います。設定は、「環境設定」→「ビデ
オ＆オーディオ入出力」→「オーディオ入出力」で行います。

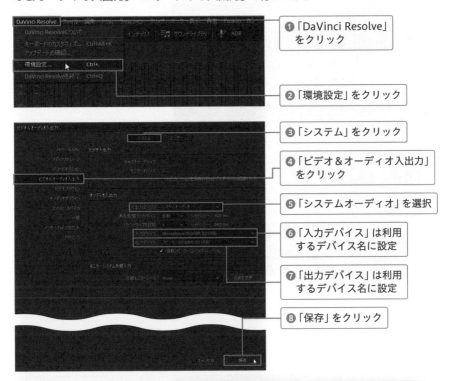

❶「DaVinci Resolve」
をクリック

❷「環境設定」をクリック

❸「システム」をクリック

❹「ビデオ＆オーディオ入出力」
をクリック

❺「システムオーディオ」を選択

❻「入力デバイス」は利用
するデバイス名に設定

❼「出力デバイス」は利用
するデバイス名に設定

❽「保存」をクリック

ナレーションを録音する

OS側、DaVinci Resolveでのオーディオ設定ができたら、ナレーションの録
音を行いましょう。録音方法は複数ありますが、ここでは簡単に録音できる方法を
解説します。

■ オーディオトラックを追加する

アフレコでは、音声がオーディオデータとして保存されます。その音声データを
配置するオーディオトラックを追加します。

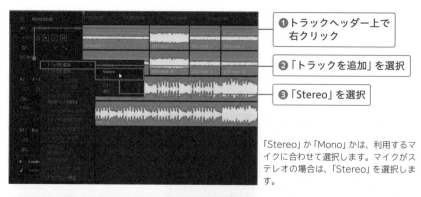

❶トラックヘッダー上で右クリック

❷「トラックを追加」を選択

❸「Stereo」を選択

「Stereo」か「Mono」かは、利用するマイクに合わせて選択します。マイクがステレオの場合は、「Stereo」を選択します。

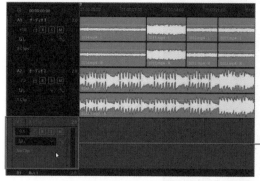

トラック（A3）が追加される

■ ミキサーを設定する

追加したオーディオトラックにマイクの音声が記録・表示できるように、ミキサーと入力デバイスを連携させます。

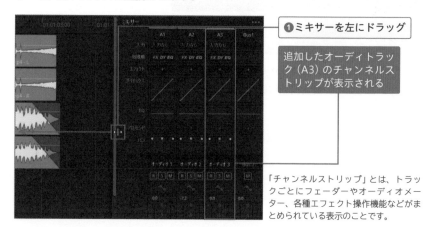

❶ミキサーを左にドラッグ

追加したオーディトラック（A3）のチャンネルストリップが表示される

「チャンネルストリップ」とは、トラックごとにフェーダーやオーディオメーター、各種エフェクト操作機能などがまとめられている表示のことです。

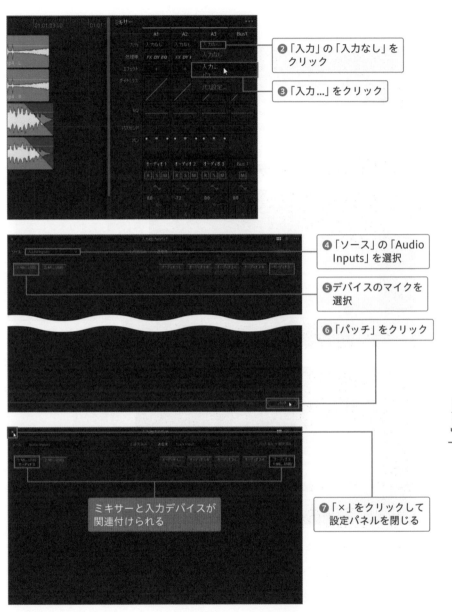

2 「入力」の「入力なし」を
クリック

3 「入力...」をクリック

4 「ソース」の「Audio Inputs」を選択

5 デバイスのマイクを
選択

6 「パッチ」をクリック

ミキサーと入力デバイスが
関連付けられる

7 「×」をクリックして
設定パネルを閉じる

■ 録音の開始と停止

　ここまでの作業で録音の準備が完了です。では、録音を開始しましょう。プロジェクトを再生し、映像を見ながら録音を行います。

255

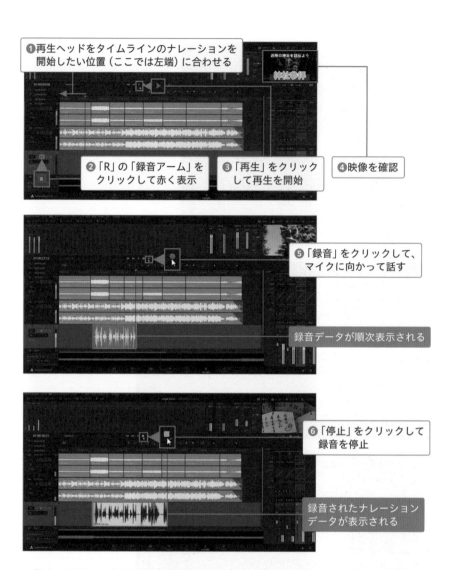

❶再生ヘッドをタイムラインのナレーションを開始したい位置（ここでは左端）に合わせる

❷「R」の「録音アーム」をクリックして赤く表示

❸「再生」をクリックして再生を開始

❹映像を確認

❺「録音」をクリックして、マイクに向かって話す

録音データが順次表示される

❻「停止」をクリックして録音を停止

録音されたナレーションデータが表示される

　録音を再開する場合は、「録音」をクリックすると、停止した位置から録音が開始されます。このとき、「再生」をクリックする必要はありません。

■ 録音データの確認

　録音したナレーションは、「再生」で確認できます。また、録音したデータはメディアプールに登録されているので、こちらでも再生・確認できます。

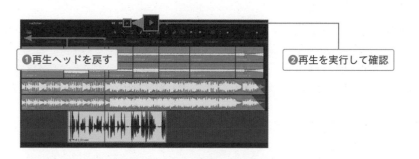

❶再生ヘッドを戻す

❷再生を実行して確認

メディアプールでの確認

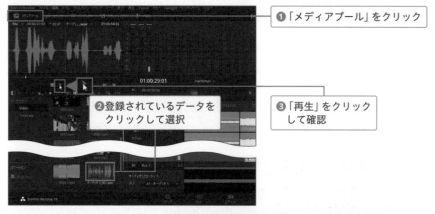

❶「メディアプール」をクリック

❷登録されているデータを
　クリックして選択

❸「再生」をクリック
　して確認

Chapter **7**

Column　ミキサーでマイクが選択できない場合

ミキサーの設定でマイクを選択したいが、「Audio Inputs」にマイクのデバイス名が表示されないこともあります。この場合は、ツールバーから「ADR」をクリックして、ADRパネルを表示してください。ここの「設定」タブをクリックすると、マイクを登録できます。

❶「ADR」をクリック

❷「設定」タブをクリック

❸マイクを登録

❹「録音トラック」を選択

「録音トラック」を先に設定しないと、マイクは選択できません。

05

マイクのホワイトノイズを
取り除きたい

● Noise Reduction

アフレコを録音して再生すると、「サーッ」というノイズが入っている場合があります。これはマイクから発生する「ホワイトノイズ」といいますが、これを除去するには、オーディオFXの「Noise Reduction」を利用します。なお、この機能を使いこなすにはオーディオに関する十分な知識が必要になりますので、設定の必要なくノイズを除去する手順を紹介します。

トラックに「Noise Reduction」を設定する

　　アフレコのデータがトラックに複数ある場合、1つ1つに「Noise Reduction」を設定してもよいのですが、アフレコはほとんど同じ条件で録音しているので、トラックに「Noise Reduction」を設定して、一括でホワイトノイズを除去します。

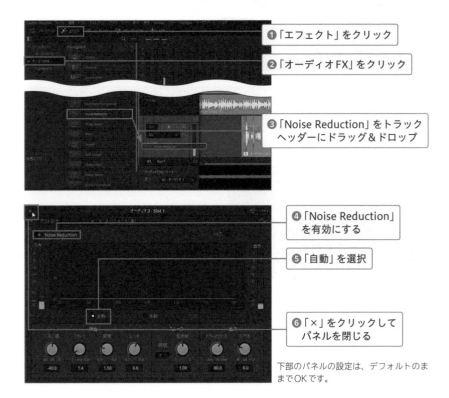

❶「エフェクト」をクリック

❷「オーディオFX」をクリック

❸「Noise Reduction」をトラックヘッダーにドラッグ＆ドロップ

❹「Noise Reduction」を有効にする

❺「自動」を選択

❻「×」をクリックしてパネルを閉じる

下部のパネルの設定は、デフォルトのままでOKです。

Chapter

8

「デリバー」ページ
で動画ファイルを
出力する

Section

01

「デリバー」ページの機能を知りたい

■「デリバー」ページ

DaVinci Resolveで編集を終えたプロジェクトを、動画ファイルとして出力する、あるいはYouTubeへアップロードして公開するのに利用するのが「デリバー」ページです。「デリバー」ページでは編集作業は一切できません。あくまで、プロジェクトを出力するためにだけあるページです。ここでは、そんな「デリバー」ページにはどのような機能があるのかを解説します。

「デリバー」ページの名称と機能

「エディット」ページや「Fusion」ページ、「カラー」ページ、「Fairlight」ページなどで編集を終えたプロジェクトは、「デリバー」ページから、動画ファイルとして出力したり、YouTubeなどのSNSにダイレクトに出力したりできます。

なお、編集画面にはタイムラインが表示されますが、ここでは編集作業はできません。

❶インターフェイスツールバー(左)

レンダー設定、テープへの出力、クリップの表示など、出力に関するパネル表示のオン、オフを切り替えるアイコンを備えている。

❷ インターフェイスツールバー（右）

レンダーキューパネルの表示をオン、オフするアイコンを備えている。

❸ パネル表示領域

「レンダー設定」パネルを表示し、動画ファイルとして出力する設定やSNSへ公開するための設定を行う。

❹ ビューア

下のサムネイルタイムラインで選択されているクリップの、再生ヘッド位置の映像が表示される。

❺ トランスポートコントロール

ビューアの再生、停止、逆再生などをコントロールする。

❻ レンダーキューパネル

「レンダー設定」で完了した設定を登録し、ここでレンダリングを実行する。設定はリスト形式で表示される。

❼ サムネイルタイムライン

出力するプロジェクトで利用しているクリップのサムネイルを表示する。

❽ タイムライン

「エディット」ページと連動しているタイムライン。ただし、ここで編集はできない。

❾ プロジェクトマネージャー

プロジェクトの選択・設定パネルを表示する。

❿ プロジェクト設定

プロジェクト設定パネルを表示する。

Section

02

MP4形式の動画ファイルとして書き出したい

●レンダー設定

「デリバー」ページは、レンダリングを行うためのページです。「レンダリング」とは、編集を終えたプロジェクトを動画ファイルとして出力することです。作業の流れとしては、「レンダー設定」で出力する動画ファイルのフォーマットを決め、その設定を「レンダーキュー」に登録しレンダリングを実行します。

MP4形式で出力する

　ここでは、編集を終えたプロジェクトを、MP4形式の動画ファイルとして出力する方法について解説します。なお、ここでの作業は、動画のファイル形式の基本を理解してから進めることをおすすめします（P.25参照）。

■「レンダー設定」を行う

　「デリバー」ページでは、最初に**レンダー設定**を行います。ここで、プロジェクトを**どのようなファイル形式で出力するか**を設定します。

❶プロジェクトの編集を終えたら、「デリバー」をクリック

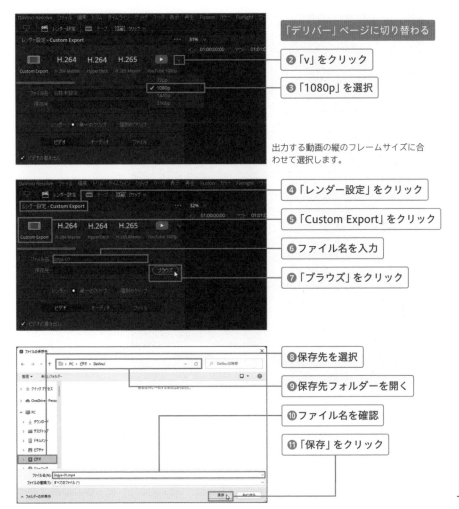

「デリバー」ページに切り替わる

❷「v」をクリック

❸「1080p」を選択

出力する動画の縦のフレームサイズに合わせて選択します。

❹「レンダー設定」をクリック

❺「Custom Export」をクリック

❻ファイル名を入力

❼「ブラウズ」をクリック

❽保存先を選択

❾保存先フォルダーを開く

❿ファイル名を確認

⓫「保存」をクリック

Chapter 8

ここでは次ページのような設定で、動画を書き出します。

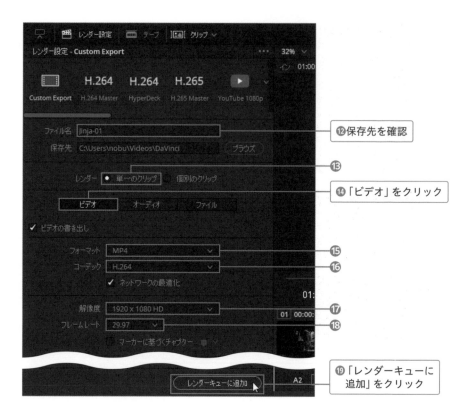

⑫ 保存先を確認

⑭「ビデオ」をクリック

⑲「レンダーキューに追加」をクリック

⑬ レンダー：単一のクリップ
⑮ フォーマット：MP4
⑯ コーデック：H.264

⑰ 解像度：1920 × 1080 HD
⑱ フレームレート：29.97

　レンダーで「単一のクリップ」を選択すると、プロジェクトを1個の動画ファイル
として出力します。「個別のクリップ」を選ぶと、クリップごとに個別の動画ファ
イルとして出力されます。

　なお、ここで設定した項目以外のオプションは、デフォルトのままでOKです。
また、レンダー設定で「Custom Export」ではなく「H.264」や「H.265」を選
択しても、MP4形式で出力できます。

■ レンダーを実行する

　レンダー設定を終えて「**レンダーキューに追加**」をクリックすると、レンダー
キューに設定が「**ジョブ**」として登録されます。これを選択して、レンダリングを
実行します。

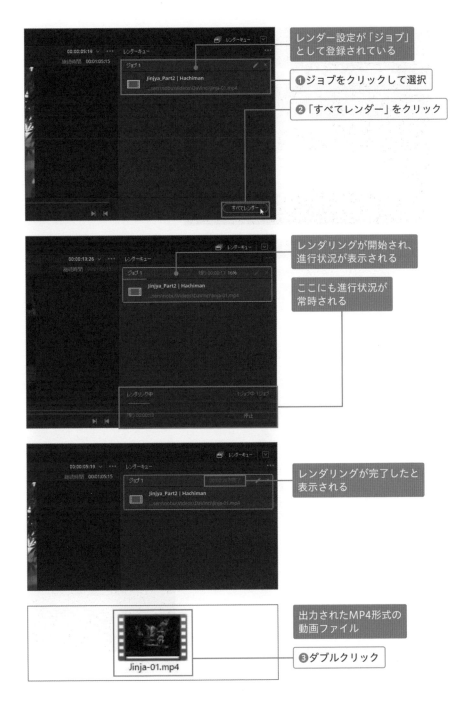

レンダー設定が「ジョブ」
として登録されている

❶ジョブをクリックして選択

❷「すべてレンダー」をクリック

レンダリングが開始され、
進行状況が表示される

ここにも進行状況が
常時される

レンダリングが完了したと
表示される

出力されたMP4形式の
動画ファイル

❸ダブルクリック

Jinja-01.mp4

近所の神社を訪ねよう

神社参拝

Column | 次世代コーデックは「H.265」

コーデックについてはP.26で解説していますが、現在、主流のコーデックは「H.264」（エイチ・ドット・ニーロクヨン）と呼ばれるものです。高画質でファイルサイズを小さく圧縮できることから、SNSなどにアップロードする動画でもポピュラーなコーデックとして利用されています。

これに対して、「H.265」というコーデックは、H.264よりも高画質で、しかもファイルサイズをより小さくできます。ただし、H.265の利用には注意が必要です。本書執筆時点では、Macには、H.265が標準コーデックとして搭載されていますが、WindowsにはH.265が標準搭載されていないため、再生ができません。DaVinci Resolveで作成はできても、Windowsでは再生ができないのです。

ただし、YouTubeなどにアップロードする場合は問題がありません。H.265でアップロードしても、再生するときには利用するデバイスに対応した形式で配信されるので、問題なく再生できます。

Point | 「詳細設定」について

レンダリング設定には「詳細設定」があります。ここでは、利用目的に応じた形式で出力したい場合に設定してください。通常は設定の必要はありません。

Section

03 動画の特定の範囲だけを 書き出したい

■タイムラインでイン点、アウト点を設定

プロジェクト全体の中から、特定の範囲だけを動画ファイルとして出力したい場合は、出力する範囲をタイムラインで指定してレンダー設定を行います。たとえば、エフェクトを設定した部分だけ出力したり、タイトルクリップを設定した状態を確認するために、タイトルの前後を含めて出力するといったような利用方法があります。

イン点、アウト点を設定して出力する

プロジェクトから特定の範囲だけを出力するには、タイムラインで範囲を指定します。出力範囲は、**イン点**、**アウト点**で設定します。その後、**レンダーキューに追加**します。

❶再生ヘッドを出力したい開始位置に合わせる

❷I キーを押してイン点を設定

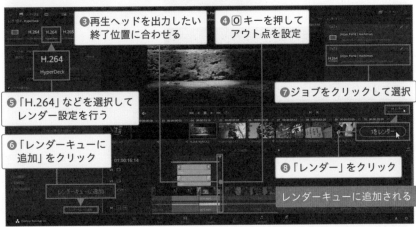

❸再生ヘッドを出力したい終了位置に合わせる

❹O キーを押してアウト点を設定

❺「H.264」などを選択してレンダー設定を行う

❻「レンダーキューに追加」をクリック

❼ジョブをクリックして選択

❽「レンダー」をクリック

レンダーキューに追加される

Chapter 8

267

Section

04

「デリバー」ページからYouTubeに直接アップロードしたい

■ YouTube

DaVinci Resolveのプロジェクトで編集した動画は、DaVinci ResolveからYouTubeにダイレクトにアップロード＆公開できます。なお、この操作を行う前に、事前にYouTubeのアカウントを取得しておく必要があります。また、P.131で「カット」ページからYouTubeにアップロード＆公開する方法を解説していますが、基本的には同じです。

YouTubeにログインする

YouTubeなどのSNSに、DaVinci Resolveから動画をアップロードする場合、アップロード作業の前に、あらかじめアップロード先のSNSにログインしておく必要があります。

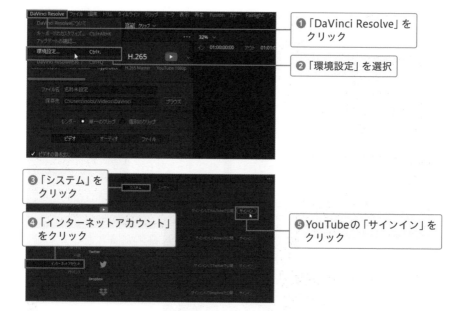

❶「DaVinci Resolve」をクリック

❷「環境設定」を選択

❸「システム」をクリック

❹「インターネットアカウント」をクリック

❺YouTubeの「サインイン」をクリック

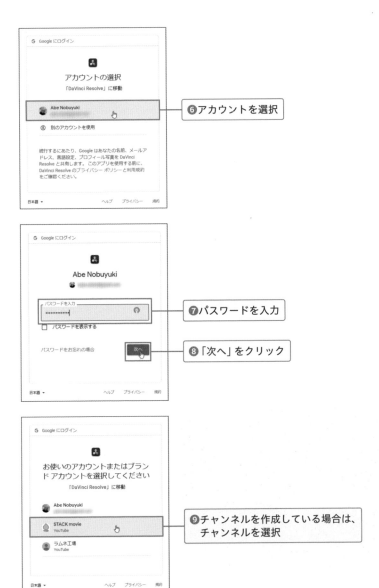

❻アカウントを選択

❼パスワードを入力

❽「次へ」をクリック

❾チャンネルを作成している場合は、チャンネルを選択

Chapter 8

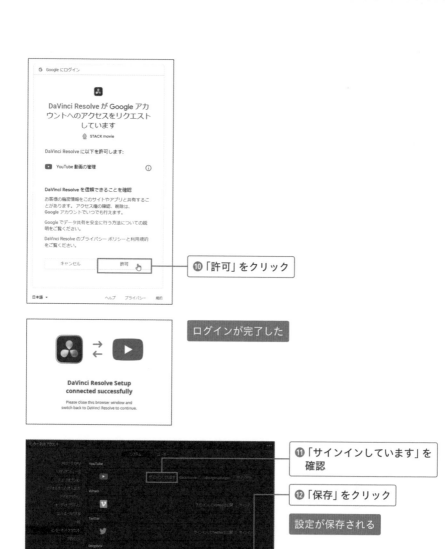

⑩「許可」をクリック

ログインが完了した

⑪「サインインしています」を確認

⑫「保存」をクリック

設定が保存される

DaVinci Resolveから直接アップロード

　YouTubeにアップロード＆公開する場合、DaVinci Resolveを終了せず、DaVinci ResolveからYouTubeに直接アップロードできます。

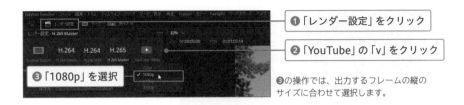

❶「レンダー設定」をクリック

❷「YouTube」の「v」をクリック

❸「1080p」を選択

❸の操作では、出力するフレームの縦の
サイズに合わせて選択します。

ここでは、次のような設定で動画をアップロードします。

タイトルや説明、視聴対象、カテゴリーは、それぞれ自由に設定してください。
なお、視聴対象は「非公開」に設定しておき、YouTubeにアップして確認後に「公
開」に変更すると、もし公開前に修正箇所が発見された後の作業が楽になります。

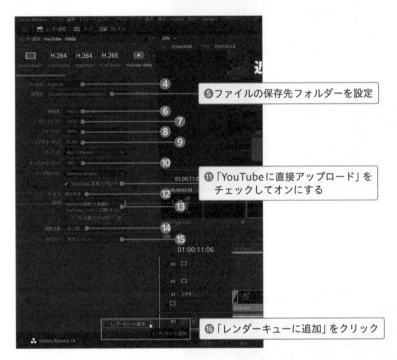

❺ファイルの保存先フォルダーを設定

⓫「YouTubeに直接アップロード」を
チェックしてオンにする

⓰「レンダーキューに追加」をクリック

❹ ファイル名：Jinjya-03
❻ 解像度：1920 × 1080 HD
❼ フレームレート：29.97fps
❽ フォーマット：MP4
❾ ビデオコーデック：H.264
⓾ オーディオコーデック：AAC
⓬ タイトル：神社参拝

⓭ 説明：DaVinci Resolve 18 で
　　編集した動画を、YouTube
　　にアップ＆公開しました。
⓮ 視聴対象：非公開
⓯ カテゴリー：旅行＆イベント

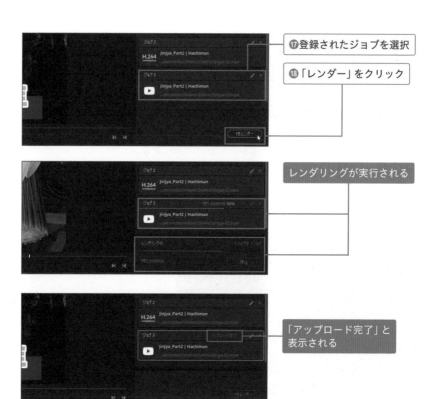

⑰ 登録されたジョブを選択

⑱ 「レンダー」をクリック

レンダリングが実行される

「アップロード完了」と
表示される

アップロードしたYouTubeのチャンネルを確認してみましょう。

動画が非公開状態で
アップロードされて
いるされている

Section

05

プロジェクトをファイルとして保存したい

●プロジェクトの書き出し　●プロジェクトのアーカイブ

DaVinci Resolveのプロジェクトを他のパソコンで編集するには、プロジェクトをファイルとして書き出す必要があります。「エクスポート」と「アーカイブ」のどちらで書き出すかは利用方法によります。ここでは、それぞれのタイプの書き出し方法と読み込み方法について解説します。なお、プロジェクトの書き出しは、「デリバー」ページ以外からでも行えます。

2タイプのプロジェクト書き出し方法

DaVinci Resolveで編集したプロジェクトを別のパソコンで利用する場合、プロジェクトを書き出す必要があります。書き出されるタイプには、次の2種類があり、それぞれファイルの拡張子が異なります。

- **エクスポート**：プロジェクトの情報だけが書き出される。編集する場合は、素材データが別途必要（ファイルの拡張子：**.drp**）
- **アーカイブ**：プロジェクト情報に加え、素材データも一緒に書き出される（ファイルの拡張子：**.dra**）

たとえば、別のパソコンのDaVinci Resolveで編集する場合、素材データも必要になります。その場合は、アーカイブで書き出せば、プロジェクトと素材を一緒に配布できます。本書でも、サンプルで「Jinjya.dra」というアーカイブファイルを提供していますので、試してみてください（タイムラインは含まれていません）。

エクスポートでの書き出しと読み込み

エクスポートタイプでの書き出しと読み込みは、次のように操作します。

■ エクスポートでの書き出し

エクスポートでの書き出しは、編集中のページから行えます。「デリバー」ページでなくてもかまいません。

Chapter

8

273

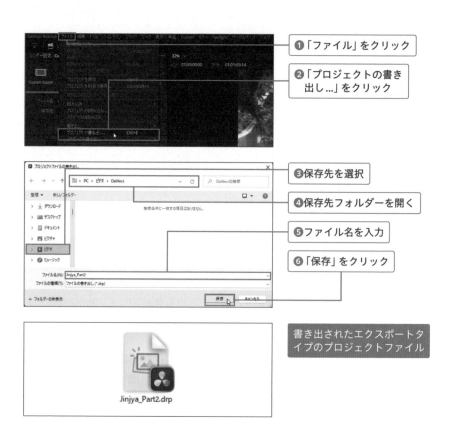

① 「ファイル」をクリック

② 「プロジェクトの書き出し...」をクリック

③ 保存先を選択

④ 保存先フォルダーを開く

⑤ ファイル名を入力

⑥ 「保存」をクリック

書き出されたエクスポートタイプのプロジェクトファイル

Jinjya_Part2.drp

■ エクスポートファイルの読み込み

エクスポートファイルは、次のように読み込みます。DaVinci Resolveを起動したときに表示されるプロジェクトパネルか、各ページの右下にある「プロジェクトマネージャー」アイコンをクリックして、プロジェクトパネルで操作します。

DaVinci Resolveを起動するとプロジェクトパネルが表示される

① 何もないところで右クリックして「プロジェクトの読み込み...」を選択

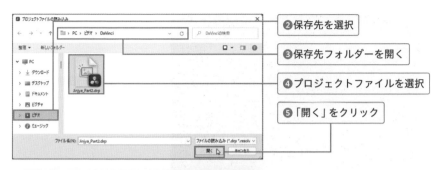

❷保存先を選択

❸保存先フォルダーを開く

❹プロジェクトファイルを選択

❺「開く」をクリック

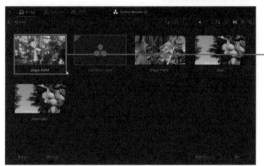

プロジェクトが読み込まれる

アーカイブでの書き出しと読み込み

アーカイブタイプでの書き出しと読み込みは、プロジェクトパネルで行います。

■ アーカイブでの書き出し

アーカイブでの書き出しは、編集しているページからプロジェクトパネルを表示して操作します。

❶画面右下の「プロジェクトマネージャー」アイコンをクリック

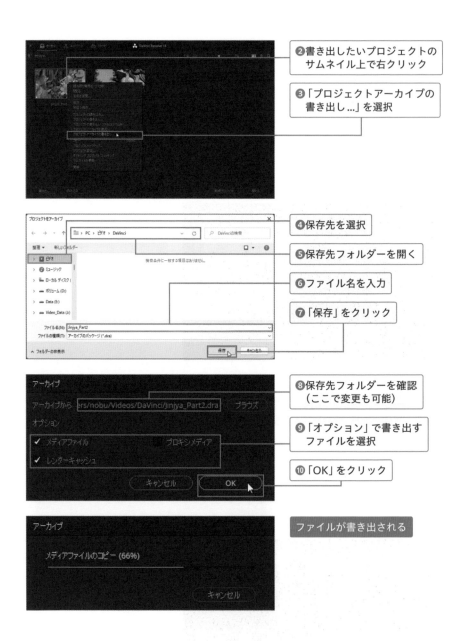

❷書き出したいプロジェクトの
サムネイル上で右クリック

❸「プロジェクトアーカイブの
書き出し...」を選択

❹保存先を選択

❺保存先フォルダーを開く

❻ファイル名を入力

❼「保存」をクリック

❽保存先フォルダーを確認
（ここで変更も可能）

❾「オプション」で書き出す
ファイルを選択

❿「OK」をクリック

ファイルが書き出される

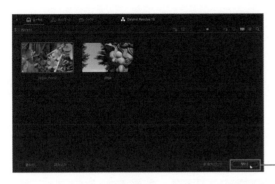

⓫「閉じる」をクリック

書き出されたアーカイブ
プロジェクト

Jinjya_Part2.dra

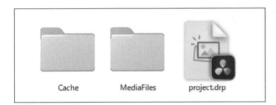

フォルダーの中に、素材
データとプロジェクトファ
イルが保存されている

■ アーカイブファイルの読み込み

配布されたアーカイブなどは、次のように読み込みます。

DaVinci Resolveを起動するとプ
ロジェクトパネルが表示される

❶何もないところで右クリック

❷「プロジェクトアーカイブの
復元...」を選択

Chapter **8**

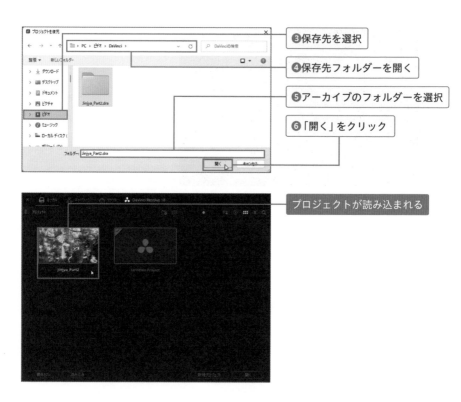

❸保存先を選択

❹保存先フォルダーを開く

❺アーカイブのフォルダーを選択

❻「開く」をクリック

プロジェクトが読み込まれる

　こうして表示されたプロジェクトのサムネイルをダブルクリックすれば、編集を
開始することができます。

dB

音量を表すのに使われる単位のこと。基準となる音量より大きければ正の数、小さければ負の数となる。

アーカイブ

DaVinci Resolveのプロジェクトの書き出し方法の1つで、プロジェクト情報と素材データを一緒に書き出す方法のこと。

アスペクト比

動画や画像の横と縦の長さの比率のこと。VGA などでは4:3、フルHD などでは16:9といった比率が一般的。

アフレコ

編集した映像に対して、ナレーションなどを録音すること。アフターレコーディングという和製英語の省略。

イーズ

テキストなどのアニメーションで、動きに緩急を付けて滑らかな動きにするための効果のこと。

色かぶり

映像の撮影時の光の具合や、カメラの設定状態によって、本来の色に比べて赤みがかったり青みがかったりすること。最近の映像機器は性能が高くなり、色かぶりを起こすことはあまりない。

イン点・アウト点

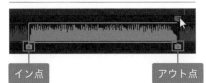

クリップの一部分を範囲として指定する際の、始まりのフレームと終わりのフレームを指定する点のこと。再生ヘッドで位置を決め、IキーまたはOキーでそれぞれ設定できる。

エフェクト

動画に特別な演出などを合成する機能のこと。

カラーグレーディング

映像の色合いを、自分のイメージするものに仕上げる作業のこと。カラーコレクションによって基本の色調に整えた後に行うのが一般的。

カラーコレクション

色かぶりなどによって本来の色からずれた状態の映像を、本来の色に近くなるように補正すること。色補正ともいう。

カラーピッカー

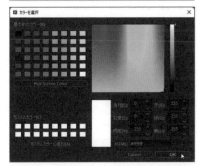

フォントや枠などの色を設定するために使用するウィンドウのこと。

グリーンバック

別の映像や画像などに合成するために使用される、緑色の背景のこと。合成したい人物や物体などを、グリーンバックを背景に撮影する。

クリッピングレベル

最大音量の基準値のこと。これを超えると音割れが発生する原因となる。

クリップ

タイムライン上に配置した素材のこと。

コーデック

映像や音声などのデータをエンコード（圧縮）・デコード（展開・伸張）するプログラムのこと。H.264やAACなどのコーデックがよく利用されている。

さ行

再生ヘッド

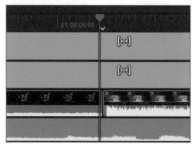

プレビュー画面で表示するフレームや、編集を行うフレームを、タイムラインで指定するための赤い縦線のこと。

座布団

テロップやタイトルといった、映像中に表示するテキストに対して設定された、色の付いた四角形の背景のこと。映像に文字が紛れて読みにくい場合や、文字を目立たせたい場合などに設定する。

サムネイル

メディアプールなどで、動画の内容をひと目でわかるように表示した小さい画像のこと。サムネイル上でスクラブ操作を行えば、サムネイル上で動画を再生することができる。

スクラブ操作

メディアプール上のサムネイル上でマウスを左右に移動すること。サムネイル内でクリップの内容を確認できる。

ストリップ

細長い形状のこと。ストリップビューではサムネイルを横方向に細長い形にして並べて表示する。

ソースクリップ

「カット」ページで、クリップ単位でプレビュー表示する機能のこと。

ソーステープ

「カット」ページで、メディアプールにあるクリップをすべてつなげてプレビュー表示す

る機能のこと。

た行

タイムコード

動画中のフレームを特定する方法のこと。時・分・秒と、そこからのフレーム数で表現する。

タイムライン

時間軸を使ってクリップを管理する機能のこと。DaVinci Resolveでは、タイムライン単位で映像などの編集を行い、複数のタイムラインをトラックに並べて1本の動画として出力することもできる。

チャンネルストリップ

トラックに設定した複数のエフェクトをまとめて一度にコントロールするための機能のこと。なお、チャンネルストリップはトラックごとに表示される。

調整クリップ

クリップの一部分だけや、複数のクリップにまたがってエフェクトを設定するために使う、エフェクト専用のクリップのこと。

テロップ

映像と合成して表示するテキスト情報のこと。映像の説明や人物の発言などを文字に起こして表示するのに使用する。

トラック

タイムライン上のクリップを配置する場所のこと。複数のトラックにクリップを配置した場合、下のトラックに配置した映像の上に、上のトラックに配置した映像が表示される。

トランジション

映像の切り替え時に、徐々に映像を切り替えるといった演出を行う効果のこと。「ディゾルブ」というトランジションが定番としてよく使われている。

トリミング

クリップの不要な部分を取り除き、必要な部分だけを残す編集作業のこと。

な行

ノード

「Fusion」ページなどで、処理の流れを構成する、1つ1つのパーツのこと。素材そのものや合成処理などがノードとして扱われる。

は行

パレードスコープ

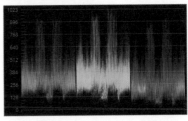

ビデオ信号のRGB各チャンネルの強さを分析する波形のこと。RGBのバランスが良いと、同じような状態で表示され、色が偏っているとチャンネル表示のバランスも偏る。コントラスト比の確認にも適しており、縦に長い場合はコントラスト比が高く、短い場合はコントラスト比が低いことを意味する。

パワービン

作成したテロップやタイトルをはじめとするさまざまな素材を、他のプロジェクトでも使いまわせるように登録しておく場所のこと。

ビン

メディアプール上で表示するフォルダーのこと。複数の素材をファイルの種類などで分類して整理するために使う。

フェードイン・フェードアウト

動画の始まり・終わりの場面で、暗い画面から徐々に映像が表れる、または徐々に暗くなって終わる効果のこと。

フレーム

映像を構成する静止画(写真)の1枚1枚のこと。

フレームレート

映像を再生する際に、1秒あたりに表示するフレームの枚数のこと。fps(frames per second)という単位を使用する。

編集点

タイムライン上で、クリップとクリップが接合されている部分のこと。

ホワイトノイズ

マイクで録音する際に発生する「サーッ」というノイズ音のこと。

ホワイトバランス調整

カラーコレクションの一種で、白を白として表示できるように調整し、他の色も正しい色で表示されるようにする作業のこと。

ま行

ミキサー

音量や音質といった、音に関する調整を行うためのインターフェイスのこと。「ミキシングコンソール」ともいう。

メタデータ

動画の撮影日や再生時間などといった、素材の詳細な情報のこと。メタデータビューでは、サムネイルとともにメタデータを表示する。

メディアプール

読み込んだ素材を保管しておくための場所のこと。

ら行

リスト

一覧表形式のこと。リストビューでは、動画のサムネイルは表示せず、メタデータのみを一覧表形式で表示する。

レンダリング

プロジェクトから動画ファイルを出力する処理のこと。

Index 索引

285

本書サンプルデータのダウンロードについて

本書で使用しているサンプルデータは下記の本書情報ページからダウンロードできます。
zip形式で圧縮しているので、展開してからご利用ください。

●本書情報ページ

**https://book.impress.co.jp/
books/1122101015**

1 上記URLを入力して本書情報ページを
表示

2 をクリック
画面の指示にしたがってファイルをダウ
ンロードしてください。
※Webページのデザインやレイアウトは
変更になる場合があります。

本書のご感想をぜひお寄せください

https://book.impress.co.jp/books/1122101015

読者登録サービス

アンケート回答者の中から、抽選で図書カード（1,000円分）
などを毎月プレゼント。当選者の発表は賞品の発送をもって
代えさせていただきます。
※プレゼントの賞品は変更になる場合があります。

STAFF LIST

カバーデザイン	小口翔平＋嵩あかり（tobufune）
本文デザイン・DTP	風間篤士＋松澤維恋（リブロワークス・デザイン室）
撮影協力	鎌ケ谷市 道野辺八幡宮
校正	株式会社トップスタジオ
デザイン制作室	今津幸弘・鈴木 薫
制作担当デスク	柏倉真理子
編集	株式会社リブロワークス
編集長	柳沼俊宏

■商品に関する問い合わせ先

このたびは弊社商品をご購入いただきありがとうございます。本書の内容などに関するお問い合わせは、下記のURLまたは二次元バーコードにある問い合わせフォームからお送りください。

https://book.impress.co.jp/info/

上記フォームがご利用いただけない場合のメールでの問い合わせ先
info@impress.co.jp

※お問い合わせの際は、書名、ISBN、お名前、お電話番号、メールアドレスに加えて、「該当するページ」と「具体的なご質問内容」「お使いの動作環境」を必ずご明記ください。なお、本書の範囲を超えるご質問にはお答えできないのでご了承ください。

●電話やFAXでのご質問には対応しておりません。また、封書でのお問い合わせは回答までに日数をいただく場合があります。あらかじめご了承ください。
●インプレスブックスの本書情報ページ https://book.impress.co.jp/books/1122101015 では、本書のサポート情報や正誤表・訂正情報などを提供しています。あわせてご確認ください。
●本書の奥付に記載されている初版発行日から3年が経過した場合、もしくは本書で紹介している製品やサービスについて提供会社によるサポートが終了した場合はご質問にお答えできない場合があります。

■落丁・乱丁本などの問い合わせ先
FAX：03-6837-5023
service@impress.co.jp

※古書店で購入された商品はお取り替えできません。

無料ではじめる！
YouTuberのための動画編集逆引きレシピ
DaVinci Resolve18対応

2023年 1月21日　初版発行

著　者　　阿部信行
発行人　　小川 亨
編集人　　高橋隆志
発行所　　株式会社インプレス
　　　　　〒101-0051　東京都千代田区神田神保町一丁目105番地
　　　　　ホームページ　https://book.impress.co.jp/
印刷所　　音羽印刷株式会社